环境生态学

王团团　王　赛　杨小琴　编

中国农业科学技术出版社

图书在版编目（CIP）数据

环境生态学 / 王团团，王赛，杨小琴编. — 北京：中国农业科学技术出版社，2020.6（2023.8重印）

ISBN 978-7-5116-4800-6

Ⅰ. ①环… Ⅱ. ①王… ②王… ③杨… Ⅲ. ①环境生态学 Ⅳ. ①X171

中国版本图书馆CIP数据核字（2020）第098588号

责任编辑 闫庆健 马维玲
责任校对 马广洋
出 版 者 中国农业科学技术出版社
北京市中关村南大街12号 邮编：100081
电　　话 （010）82109705（编辑室）（010）82109704（发行部）
传　　真 （010）82109705
网　　址 http://www.castp.cn
经 销 者 各地新华书店
印 刷 者 北京建宏印刷有限公司
开　　本 787 mm×1092 mm 1/16
印　　张 9.75
字　　数 145千字
版　　次 2020年6月第1版 2023年8月第2次印刷
定　　价 48.00元

前言

环境生态学是生态学和环境科学之间的交叉学科，是生态学的重要应用学科之一。环境生态学是研究在人为干扰下，生态系统内在的变化机理、规律和对人类的反效应，寻求受损生态系统恢复、重建和保护对策的科学，即运用生态学理论，阐明人与环境间的相互作用及解决环境问题的生态途径。因此，环境生态学不同于以研究生物与其生存环境之间相互关系为主的经典生态学，也不同于只研究污染物在生态系统中的行为规律和危害的污染生态学和研究社会生态系统结构、功能、演化机制以及人的个体和组织与周围自然、社会环境相互作用的社会生态学，它是解决环境污染和生态破坏这两类环境问题的学科。

国内外以“环境生态学”为名的教材和专著并不多，作为有明确研究领域和学科任务的分支学科，环境生态学的地位已经得到越来越多学者的认可。但自2001年至今，全国公开出版的环境生态学教材或专著的数量与我国环境学科的教学与科研的高速发展是不相匹配的。为此来自中国科学院广州地球化学研究所的王团团、暨南大学的王赛、广州贝山水生态科技有限公司的杨小琴共同编写了这本《环境生态学》，希望能对学科发展和环境类本科教育尽绵薄之力。

本书包括绪论、生物与环境、种群生态学、群落生态学、景观生态学等内容。前半部分主要是理论生态学，从生物个体、种群、群落、生态系统、景观等层次介绍生态学的基本规律与理论；后半部分主要是应用生态学，较详细地论述了生态学基本规律与理论在干扰、退化环境的恢复，生态系统的自然服务功能、价值评估及生态补偿，生态系统管理，生态风险评价以及可持续发展与生态文明建设中的应用。本书既可作为高等院校环境科学、环境工程专业的教材，也可供环境保护等专业的科技人员参考。

编　者

2020年1月

目录

第一章　绪论

第一节 环境问题的产生

一、环境与环境问题

环境是指生物有机体周围空间以及其中可以直接或间接影响有机体生活和发展的各种因素的总和。环境必须相对于某一中心或主体才有意义，不同的主体其相应的环境范畴不同。如以地球上的生物为主体，环境的范畴包括大气、水、土壤、岩石等；以人为主体，还应包括整个生物圈，除了这些自然因素，还有社会因素和经济因素。

环境科学所研究的主体是人类，故其环境指的是人类的生存环境。其内涵可以概括为：作用于人的一切外界事物或力量的总和。

人类与环境是相互作用、相互影响、相互依存的对立统一体。人类的生产和生活活动作用于环境，会对环境产生有利或不利的影响；反过来，变化了的环境也会对人类社会产生各种影响。

人类在生存和发展过程中不恰当的生产和生活活动引起全球环境或区域环境质量恶化，出现了不利于人类生存和发展的现象，即所谓环境问题。人类环境问题按成因的不同，可分为自然的和人为的两类。前者是指自然灾害问题，如火山爆发、地震、台风、海啸、洪水、旱灾、沙尘暴等，这类问题在环境科学中称为原生环境问题或第一环境问题。后者是指由于人类不恰当的生产与生活活动所造成的环境污染、生态破坏、人口急剧增加和资源的破坏与枯竭等问题，这类问题称为次生环境问题或第二环境问题。我们在环境科学中着重研究的不是自然灾害问题，而是人为的环境问题也就是次生环境问题。由于环境是人类生存和发展的物质基础，环境问题日益严重，引起人们的普遍关注和重视，同时也促进了环境科学的发展。

二、环境问题的产生

人类是环境的产物，又是环境的改造者。人类在发展自身的同时，不断地改造自然，创造新的生存条件。然而，由于认识自然的能力和科学技术水平的限制，人类在改造环境的过程中，往往会产生意想不到的后果，造成环境的污染和破坏。

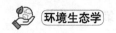

环境问题伴随着人类社会的发展而不断发生改变。在原始社会，人类以采集天然植物和猎获野生动物为生，生产力水平低下，人类对环境基本上不构成危害和破坏，即使局部环境受到了破坏，生态系统也很容易通过自身的调节得以恢复。到了奴隶社会和封建社会，随着生产工具不断改进，生产力水平不断提高，人类改造自然的能力也随之提高，其生产或生活活动使得局部区域内的环境受到破坏。古代经济发达的美索不达米亚、希腊等地区，就是由于不合理的开垦和灌溉变成不毛之地的；我国的黄河流域是人类文明的重要发源地之一，原本森林茂密、土地肥沃，西汉末年和东汉时期的大规模开垦，促进了当时的农业生产发展，但长期的滥砍森林，使该区水土流失严重，甚至造成了某些物种灭绝。许多人类文明中心如苏美尔文明、中美洲的玛雅文化、中亚丝绸之路沿线的古文明均随着环境问题的出现而消亡。

18世纪后半叶第一次工业革命开始，蒸汽机的发明和使用，使人类改造自然的能力显著增强，西方国家也因此由农业社会转变为工业社会，人类对环境的影响发生转折性变化。小规模的手工业被以畜力、风力、水力等为能源的机械所代替。工业迅速崛起，工业企业集中分布的工业区和城市大量涌现，城市和工矿区出现了不同程度的环境污染问题。如英国伦敦从1873年至1892年发生了多起烟雾污染事件，并夺走了数千人的生命；工业废水和城市生活污水使河流和湖泊水质急剧下降，泰晤士河几乎成为“臭水沟”；对矿物的大量开采使土地和植被受到严重破坏和污染，大片矿区及其邻近土地成为不毛之地。这时期环境问题的特点是工业污染和工业原材料开发引起的环境破坏。不过从全球角度看，由于地球各区域经济发展不平衡，这一时期环境问题仍然是区域性的。

19世纪随着电的发现和电气设备的应用，人类进入第二次产业革命时期。特别是在第二次世界大战以后，社会生产力突飞猛进，导致电力、石油、化工及机器制造业等在世界经济中占主导地位。能源、原材料消耗数量急剧增加，自然资源开发与污染物排放达到空前的规模。一些工业发达国家普遍出现环境污染问题，如著名的“八大公害”事件。人类首次感觉到环境污染和生态破坏已成为关系到自身生存和发展的重大现实问题。

从20世纪60年代开始，西方发达国家公众的环境意识日益增强，展开了声势浩大的环境运动，要求政府采取有效手段治理日益严重的环境污染。罗马俱乐部提交了著名的报告——《增长的极限》，并成功地使全世界对环境问题产生了

“严肃的忧虑”。1972年，联合国在瑞典首都斯德哥尔摩召开人类环境会议，通过了《人类环境宣言》，可以说这是人类社会对严峻的全球环境问题的正式挑战。1987年世界环境与发展委员会（WCED）向联合国大会提交的研究报告《我们共同的未来》则标志着人类对环境与发展的认识在思想上有了重要飞跃。1992年联合国在巴西里约热内卢召开的“环境与发展”大会，标志着人类对环境与发展的观念升华到一个崭新阶段。1994年，人类首次观察到南极上空臭氧层空洞面积相当于欧洲大小；1997年12月，联合国气候变化框架公约大会在日本京都通过了《京都议定书》。这些会议和活动表明环境问题是当代世界上一个重大的社会、经济、技术问题。特别是随着社会、经济的发展，环境污染正以一种新的形态在发展，生态破坏的规模和范围也在进一步扩大。而环境污染和生态破坏所造成的影响，已从局部向区域和全球范围扩展，并上升为严肃的国际政治问题和经济问题。

三、全球性环境问题及危害

全球性环境问题的产生是多种因素共同作用的结果。其影响范围也从区域扩展为全球，并给人类的生存和发展造成了极大的威胁。当前威胁人类生存的主要环境问题可归纳如下。

（一）全球气候变化

人类活动产生大量二氧化碳（CO_2）、甲烷（CH_4）、氧化亚氮（N_2O）等气体，当它们在大气中的含量不断增加时，即产生所谓温室效应（greenhouse effect），使气候逐渐变暖。全球气候的变化，给全球生态系统带来严峻的考验。例如，全球升温使极地冰川融化，海水膨胀，从而使海平面上升；全球气候变化还使全球降雨和大气环流发生变化，使气候反常，易造成旱涝灾害等。

2015年3月，美国国家海洋和大气管理局（NOAA）发布，全球CO_2月平均浓度（质量分数）达到$4.008\ 3\times10^{-4}$，CO_2及其他温室气体增加导致全球气温升高，海平面上升。而气温的升高和极端气候频发将对农业和生态系统产生严重影响。

（二）臭氧层破坏

在离地球表面10～50km的大气平流层中集中了地球上约90%的臭氧（O_3）气体，在离地面25km处臭氧浓度最大，并形成了厚度约为3mm的臭氧集中层，称为臭氧层。臭氧层能吸收太阳的紫外线，以保护地球上的生命免遭过量紫外线的伤害，并将能量储存在上层大气中，起到调节气候的作用。但臭氧层是一个很脆弱的气体层，如果一些会和臭氧发生化学作用的物质进入臭氧层，臭氧层就会遭到破坏，这将使地面受到紫外线辐射的强度增加，给地球上的生命带来很大的危害。

大量观测和研究结果表明，南北半球高纬度大气中臭氧已经损耗了5%～10%，在南极的上空臭氧层损失高达50%以上，形成了所谓的臭氧层空洞。臭氧的减少使到达地面的短波长紫外辐射的辐射强度增强，导致皮肤病和白内障的发病率增高，植物的光合作用受到抑制，海洋中的浮游生物减少，进而影响水生生物的生存，并对整个生态系统构成威胁。

（三）生物多样性减少

生物多样性是指一定范围内多种多样活的有机体有规律地结合所构成的稳定生态综合体，它包括物种内部、物种之间和生态系统的多样性。在漫长的生物进化过程中会产生一些新的物种，而随着生态环境的变化，也会有一些物种消失。近年来，由于人口的急剧增加和人类对资源的不合理开发，以及环境污染导致的生态破坏等，致使地球上的各种生物及其生态系统受到了极大的冲击，生物多样性也受到了很大的损害。

联合国千年生态评估计划研究发现，世界上每年至少有5万种生物物种灭绝，平均每天灭绝的物种达150～200个。约41%的两栖类动物、33%的珊瑚、25%的哺乳动物及13%的禽类处于濒危境地。专家警告，地球已经经历过五次物种大灭绝（包括发生在6 500万年前的恐龙等爬行动物的灭绝），第六次物种大灭绝即将到来。因此，保护和拯救生物多样性以及这些生物赖以生存的生活条件，同样是摆在我们面前的重要任务。

（四）酸雨危害

酸雨是指pH值低于5.6的雨、雪或其他形式的大气降水，是大气污染的一种表现。酸雨对人类环境的影响是多方面的。酸雨降落到河流、湖泊中，会妨碍水中鱼、虾的生长，以致鱼虾减少甚至绝迹；酸雨导致土壤酸化，破坏土壤的营养，使土壤贫瘠化；酸雨还危害植物的生长，造成作物减产或森林退化。此外，酸雨还腐蚀建筑材料。有关资料表明，近十几年来，酸雨地区的一些古迹特别是石刻、石雕或铜像的损坏超过以往数百年甚至千年的影响，如我国的乐山大佛、加拿大的议会大厦等。目前全球已形成三大酸雨区。我国有200多万平方千米的酸雨区，其中华南地区降水酸化率之高、面积扩大之快，在全世界也属罕见。另两个酸雨区是波及大半个欧洲的北欧酸雨区和包含美国、加拿大在内的北美酸雨区。

（五）土地退化和荒漠化

全世界有80%的人口生活在以农业和土地为基本谋生资源的国家里，然而土地资源退化及荒漠化是全球面临的严重问题。全球退化土地估计约有19.6亿公顷（UNEP，1997），其中38%为轻度退化，46.5%为中度退化，15%为严重退化，0.5%为极严重退化。

人类活动，尤其是农业活动，是造成土地退化的主要原因。在北美，这类活动影响了不少于52%的退化干旱地区，墨西哥北部以及美国和加拿大的大平原和大草原地区受到的影响最大。农业活动还在不同程度上造成了发展中国家不同形式的土地退化。许多农村开发项目的目标都是增加农作物产量和缩短耕地休闲期，这些活动导致土壤营养的净流失，大大降低了土壤的肥力。而化肥、农药的大量施用，则对一些土地造成了严重污染。

对森林的过量砍伐是造成土地退化的另一个原因。毁林导致全球土地退化情况最严重的地区是亚洲，其次是拉丁美洲和加勒比地区。

在草场、灌木林和牧场过度放牧也会导致土地退化。当前过度放牧面积已达6.8亿公顷，占退化干旱土地总面积的1/3以上。

除人类活动外，年降水量和雨水蒸发量等重要的气候因素的变化也是土地退化的主要原因，而这些变化又是与农业、城市发展及工业等行业强化使用土地相伴随的。在干旱地区，退化土地总面积中有近一半是水土流失作用造成的。水土流失使非洲5 000多万公顷干旱土地严重退化。

（六）海洋污染与渔业资源锐减

海洋是生命之源。由于过度捕捞，海洋的渔业资源正以无法想象的速度减少，许多靠捕捞海产品为生的渔民正面临着生存危机。不仅如此，海产品中的重金属和一些有机污染物等有可能对人类的健康带来威胁。人类活动使近海区的氮和磷增加了50%～200%，过量营养物导致沿海藻类大量生长，波罗的海、北海、黑海、东海等海域经常出现赤潮。

（七）人口爆炸，城市无序扩大

人口、资源、环境是困扰当今社会最严峻的问题，而人口问题则是这些问题中起关键作用的因素。人口的大量增加以及城市的无序扩大，使城市的生活条件恶化，造成拥挤、水污染、卫生条件差、无安全感等一系列问题，对环境造成了严重破坏。

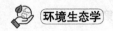

几千年来，人类文明的发展基本上是以消耗大量环境资源为代价换来的。这一过程使生态环境不断恶化，并累积和形成了许多重大的生态环境问题。我国是一个环境资源开发历史悠久、人口众多的国家，生态环境的恶化更为显著，问题更为严重，因此，解决重大的生态环境问题，改善生态环境，提高生态环境质量，逐步走上可持续发展道路，是我国生态环境保护的基本国策。

第二节 环境生态学的产生及发展趋势

一、环境生态学的定义

环境生态学（environmental ecology）是生态学和环境科学之间的交叉学科，是生态学的重要应用学科之一。环境生态学是研究在人为干扰下，生态系统内在的变化机理、规律和对人类的反效应，寻求受损生态系统恢复、重建和保护对策的科学，即运用生态学理论，阐明人与环境间的相互作用及解决环境问题的生态途径。因此，环境生态学不同于以研究生物与其生存环境之间相互关系为主的传统生态学，也不同于只研究污染物在生态系统中的行为规律和危害的污染生态学和研究社会生态系统结构、功能、演化机制以及人的个体和组织与周围自然、社会环境相互作用的社会生态学，它是侧重研究人类干扰条件下的环境污染和生态破坏引起的生态系统自身的变化规律及解决环境问题的生态途径的学科。

二、环境生态学的产生

20世纪中叶，环境问题频频困扰着人类。全球气候变化、酸雨、臭氧层破坏、荒漠化、生物多样性减少等严重生态危机，使全球面临环境和生态系统失衡的危险。从无数现实教训中人类认识到，地球的环境是脆弱的，各种资源也不是取之不尽的，当环境被破坏、资源被过度利用后要恢复是很难的。20世纪50年代美国海洋生物学家卡逊（R.Carson）在研究美国使用杀虫剂所产生的种种危害后，于1962年出版了《寂静的春天》一书。该书是科普著作，但卡逊的科学素养使这本书成功地论述了生机勃勃的春天“寂静”的主要原因，描述了使用农药造成的严重污染，以及污染物在环境中的转化和污染对生态系统的影响；揭示了人类生产活动与春天“寂静”间的内在机制；阐述了人类同大气、海洋、河流、土壤及生物之间的密切关系；批评了“控制自然”这种妄自尊大的思想。这些论述有力地促进了生态系统与现代环境科学的结合。作为环境保护的先行者，卡逊的思想在世界范围内引发了人类对自身的传统行为和观念的反思。在同一时期，另外一些著作的发表加深了人类对环境问题的认识，如《人类与环境》和《人类对环境的影响》等使人们更加清晰地认识到人类活动已经影响地球表面大气圈、水圈、土壤-岩石圈和生物圈的一些自然过程。人们意识到，生态学的原理和方法在人类维护赖以生存的环境和持续利用资源方面起着重要的作用。环境生态学正是在这样的基础上诞生的。

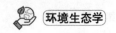

1968年，来自世界各国的几十位科学家、教育家、经济学家聚会于罗马，成立了一个非正式的国际协会——罗马俱乐部。1972年罗马俱乐部提交了成立后的第一份研究报告——《增长的极限》。该报告深刻阐明了环境的重要性以及资源与人口之间的基本联系。由于世界人口增长、粮食生产、工业发展、资源消耗和环境污染这五项基本因素的运行方式是呈指数增长而非线性增长的，全球的增长将会因为粮食短缺和环境破坏于21世纪某个时段内达到极限，经济增长将发生不可控制的衰退，因此，要避免因超越地球资源极限而导致世界崩溃的最好方法是限制增长，即“零增长”。尽管《增长的极限》的结论和观点存在一些明显的缺陷，但这份报告以全世界范围为空间尺度，以大量的数据和事实提醒世人，产业革命以来的经济增长模式所倡导的“人类征服自然”，其后果使人处于与自然的尖锐矛盾之中，并不断地受到了自然的报复。《增长的极限》对人类发展历程的理性思考，唤起了人类自身的觉醒。其所阐述的“合理的、持久的均衡发展”，为孕育可持续发展的思想萌芽提供了土壤，为环境生态学的理论体系奠定了基础。

1972年，联合国人类环境会议在斯德哥尔摩召开，来自世界113个国家和地区的代表共同讨论了环境对人类的影响问题。这是人类第一次将环境问题纳入世界各国政府和国际政治事务。大会通过的《人类环境宣言》，其意义在于唤起了各国政府共同对环境问题的反思、觉醒和关注。在同一年，《只有一个地球》的出版从整个地球的发展前景出发，从社会、经济和政治的不同角度，论述了经济发展和环境污染对不同国家产生的影响，指出人类所面临的环境问题，呼吁各国重视维护人类赖以生存的地球。该书的出版对环境生态学的发展起到了重要的作用，其学术思想和观点丰富了环境生态学的理论，促进了环境生态学理论体系的完善和发展。而《我们生态危机的历史根源》《未来宇宙飞船的经济》等著作从不同的角度和不同的研究领域为环境生态学的形成与发展做出了积极贡献。

20世纪70年代后，研究者们在受干扰和受害生态系统的恢复和重建的理论与实际应用方面做了大量工作。1971年美国生态学家E.P.Odum编写了《生态学基础》，详细论述了生态系统结构与功能，该书对环境生态学发展有很大影响。他因此于1977年获得美国生态学最高荣誉——泰勒生态学奖。1975年在美国召开了题为"受害生态系统的恢复"的国际会议。专家们第一次讨论了受害生态系统的恢复和重建等许多重要的环境生态学问题。J.Carins等在1980年出版了《受害生态系统的恢复过程》一书，广泛探讨了受害生态系统恢复过程中的重要生态学理论的应用问题。1983年美、法两国专家召开了"干扰与生态系统"的学术讨论会，系统地探讨了人类的干扰对生物圈、自然景观、生态系统、种群和生物个体的生理学特性的影响。1996年在北京召开了第一届世界恢复生态学大会。1987年，B.Freedman出版了第一本环境生态学教科书，其主要内容包括空气污染、有毒元素、酸化、森林退化、油污染、淡水富营养化和杀虫剂等。该书的副标题为"污染和其他压力对生态系统结构和功能的影响"。该书的出版对环境生态学的发展起到了积极的推动作用。

国内外以《环境生态学》为名的专著和教科书并不多，作为有明确研究领域和学科任务的分支学科，环境生态学的地位已得到越来越多学者的认可。金岚等（1991）编著的《环境生态学》是我国第一本系统的环境生态学教材，出版以来，已经多次印刷，为我国高等学校的环境生态学教育做出了贡献。进入新世纪，盛连喜等（2001）编著的《环境生态学导论》较全面地介绍了环境生态学的发展、内容及其动态。近10多年来，我国学者已陆续出版了部分环境生态学教材与专著，但数量与内容与我国环境生态学教学与科研的快速发展的需求之间尚有很大的差距。

三、环境生态学的研究内容

进入21世纪后，环境生态学的研究内容也在不断丰富。根据国内外的研究进展，环境生态学的研究内容除了涉及传统生态学的基本理论外，主要包括以下几方面的问题。

1.人为干扰下生态系统内在变化机理和规律

环境生态学研究的对象是受人类干扰的生态系统。人类对生态系统的干扰主要表现在对环境的污染和生态的破坏上。自然生态系统的干扰效应在系统内不同组分间是如何相互作用的，有哪些内在规律，各种污染物在各类生态系统中的行为变化规律和危害方式是什么，等等，都是环境生态学研究的主要内容。

2.生态系统受损程度及危害性的判断研究

受损后的生态系统，在结构和功能上有哪些影响，其退化特征是什么，这些退化现象的生态效应和性质、危害性程度如何等，都需要作出准确和量化的评

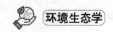

价。物理、化学、生态学和系统理论的方法是环境质量评价和预测所常用的四个最基本的手段，而生态学判断所需的大量信息就来自生态监测。因此，生态监测与评价是环境生态学研究的另一主要内容。

3.生态系统退化的机理及其修复

在人类干扰和其他因素的影响下，大量的生态系统处于不良状态，如森林的功能衰退、土地荒漠化、水土流失、水源枯竭等。脆弱、低效和衰退已成为这一类生态系统的显著特征。重点研究的内容有：人类活动造成这些生态系统退化的机理及恢复途径；人类活动对生态系统干扰效应的生态监测技术；防止人类活动与环境失调的措施；保持生态系统平衡与可持续发展的途径。另外，还要研究自然资源综合利用以及污染物的处理技术，使退化的生态系统恢复成为清洁和健康的系统；研究对脆弱生态系统（如黄土高原水土流失区、西南石灰岩发育区）的恢复机理；研究石油、煤炭、矿山等开发过程中或开发后生态系统恢复、重建等问题。

4.各类生态系统的功能和保护措施的研究

各类生态系统在生物圈中发挥着不同的功能，它们是人类生存的基础。当前，各类生态系统正遭受损害和破坏，出现了生态危机。环境生态学要研究各类生态系统的结构、功能、保护和合理利用的途径与对策，探索不同生态系统的演变规律和调节技术，为防治人类活动对自然生态系统的干扰，有效地保护自然资源，合理利用资源提供科学依据。以森林生态系统为例，要研究各类森林生态系统在人类活动下的变化与影响、提高森林生态系统生产力的途径、森林生态系统的生态服务功能、人工林的营造和丰产技术、生态防护林的建设、森林生态系统的复原及演替理论、酸雨和其他污染物对森林的危害及防治技术、农林复合生态系统、森林在全球变化中的作用等问题。

5.解决环境问题的生态学对策研究

单纯依靠工程技术解决人类面临的环境问题，已被实践证明是行不通的，而采用生态学方法治理环境污染和解决生态破坏问题，尤其在区域环境的综合整治方面初见成效。结合环境问题的特点，依据生态学的理论，采取适当的生态学对策并辅之以其他方法或工程技术来改善环境质量，恢复和重建受损的生态系统是环境生态学的重要研究内容，包括各种废弃物的处理和资源化利用的生态工程技术，以及对生态系统实施科学的管理。

6.全球性环境生态问题的研究

近几十年来，许多全球性的生态问题严重威胁着人类的生存和发展，面对这些全新的问题，如臭氧层破坏、温室效应等，人类只有共同努力才能解决。21世纪人类面临全球性的生态环境变化的挑战，因此，要在监测全球生态系统变化的基础上，研究全球变化对生物多样性和生态系统的影响，探寻生存环境历史演变的规律，了解地球敏感地带和生态系统对环境变化的响应情况；模拟全球环境变化及其与生态系统的相互作用，建立适应全球变化的生态系统发展模型，提出减缓全球变化中自然资源合理利用和环境污染控制的对策和措施等。

综上所述，维护生物圈的正常功能，改善人类生存环境，并使两者间得到协调发展，是环境生态学的根本目的。运用生态学理论，保护和合理利用自然资源，治理被污染和被破坏的生态环境，恢复和重建受损的生态系统，实现保护环境与发展经济的协调，以满足人类生存发展需要，是环境生态学的核心研究内容。

四、环境生态学的发展趋势

进入21世纪后，世界环境问题既有历史的延续，也有些新的变化和发展，将更加关注以下几方面的问题，并努力取得突破性进展。

1.人为干扰的方式及强度

虽然人类的干扰已经改变了全球所有生态系统，但人类社会的生存与发展还是要继续不断地对生态系统施加各种干扰。环境生态学所研究的干扰主要是人为干扰，并且人类活动对生态系统的干扰已经成为许多学科研究的热点，并被认为是驱动种群、群落和生态系统退化的主要动因。随着近几十年来人类干扰空间的扩大和强度的加剧，人为干扰的方式及强度的研究越来越为人们所关注。人类干扰对生态系统产生的效应和表现形式是多样的，人为干扰涉及干扰的类型、损害强度、作用范围和持续时间以及发生频率、潜在突变、诱因波动等方面。但人为干扰也有破坏和增益的双重性，环境生态学最关注的是人为干扰的方式和强度与生态效应的关系，通过诊断和排除消极干扰，把危害降到最低，按照符合生态系统健康发展的原则，主动采取措施进行生态恢复甚至使之达到增益的目的。

2.退化生态系统的特征判定

各种干扰的方式和强度不同，对生态系统的危害性和产生的生态效应也不同。如何判定一个生态系统是否受到人为干扰的损害及其程度、受损生态系统的

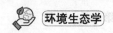

结构和功能变化有何共同特征，对此目前仍有不同的看法，还没有一个公认的判断和评价指标体系。

3.人为干扰下的生态演替规律

受损生态系统恢复与重建的最重要理论基础之一是生态演替理论。各种人为干扰的演替能否预测？在什么条件下，人为干扰后的生态演替会出现加速、延缓、改变方向甚至向相反方向进行？斑块的大小及形状对生态演替有何影响？生态异质性与干扰过程中生态演替的关系如何？这些重要的理论问题也是未来环境生态学的主要研究对象。

4.受损生态系统恢复和重建技术

受损生态系统的恢复与重建常因政策、目的的不同而产生不同的结果。如何使受损生态系统尽快地恢复、改建或重建，这既是个理论问题，也是个实践问题。目前，关于各类受损生态系统恢复与重建的具体原则和方法已有了大量的实践，包括森林、草地、农田、湿地及水域等受损生态系统，都有实际研究的成功事例。然而，这个研究领域仍不能满足实践的需要。一些恢复技术缺乏整体的、系统的考虑，还不能实现生态、社会和经济效益的统一。成功的生态恢复应包括生态保护、生态支持和生态安全3个方面，生态恢复和重建技术的研究是环境生态学中最具有吸引力和最有发展前景的内容。

5.生态系统服务功能评价

生态系统服务是指生态系统与生态过程所形成及所维持的人类生存环境的各种功能与效用，它是生态系统存在价值的真实和全面体现，也是人类对生态系统整体功能认识的深化。地球上大大小小的生态系统都是生命支持系统，为人类的生存与发展提供各种形式的服务。但是，由于生态系统的复杂性和不确定性，人们对生态系统服务功能的评价在方法上仍然很不成熟。对生态系统服务功能的正确评价，能较好地反映生态系统和自然资本的价值，可为一个国家、地区的决策者、计划部门和管理者提供背景资料，也有利于建立环境与经济综合核算新体系和制定合理的自然资源价格体系，因此，生态系统服务功能评价研究，既是环境生态学研究的基础，也是生态系统受损程度判断和实施恢复的依据。

6.生态系统管理

生态系统管理的概念是在环境生态学的发展过程中逐渐形成和发展的。在探索人类与自然和谐发展的道路上，生态系统的可持续性已成为生态系统管理的首要目标。生态系统的科学管理是合理利用和保护资源、实现可持续发展的有效途径。在实践中，由于对生态系统功能及其动态变化规律还缺乏全面认识，往往注重的是短期产出和直接经济效益，而对于生态系统的许多公益性价值，如污染空气的净化、防灾减灾、植物授粉和种子传播、气候调节等功能，以及维护生态系统长期可持续性的研究还重视不够，对于恢复和重建生态系统的科学管理更缺乏经验，因此，加强生态系统管理的研究，也是环境生态学的重要任务。

7.生态规划和生态效应预测

生态规划一般是指按照生态学的原理，对某地区的社会、经济、技术和生态环境进行全面综合规划，以便充分、有效和科学地利用各种资源，促进生态系统的良性循环，使社会经济持续稳定发展。这是人类解决环境问题的有效途径。生态规划所要解决的中心问题之一就是人类社会的生存和持续发展问题，这是涉及许多领域而又极其复杂的问题。环境生态规划是减少生态破坏、设计生态恢复和重建的有效手段，是依据生态学原理实现社会、经济和环境协调发展的途径。全球生态环境变化的现状是已经历的一系列发展变化的新阶段，也是即将经历的未来演替的起点，研究发生在生物圈各类生态系统内并受人类活动影响的物理、化学、生物的相互作用过程及其生态效应，提高对全球环境和生态过程重大变化的预测能力，将是今后一段时期内环境生态学必须努力探索的重要课题。

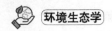

第三节 环境生态学的相关学科

一、生态学

（一）生态学的定义

生态学起源于19世纪下半叶。它是研究生物有机体与其周围环境（包括生物环境和非生物环境）相互关系的科学。

生态学是人类在认识自然过程中逐渐发展起来的。在我国的古农书和古希腊的一些著作中已有记载。如《管子·地员篇》就详细介绍了植物分布与水文地质环境的关系。在秦汉时期就确定了反映农作物和昆虫等生物现象与气候之间联系的二十四节气。Aristotle在《自然史》一书中按栖息地把动物分为陆栖、水栖等大类，还按食性分为肉食性、草食性、杂食性及特殊食性四类。以上这些实例都孕育着朴素的生态学思想。

17世纪至19世纪末，生态学开始作为一门学科出现。1670年，R.Boyle发表的有关低气压对动物影响的试验，标志着动物生理生态学的开端。而1798年T.Malthus的《人口论》分析了人口增长与食物生产之间的关系。1859年，C.Darwin出版了著名的《物种起源》，提出生物进化论，对生物与环境的关系做了深入探讨。1866年，E.Hacekel首次提出了生态学定义，标志着生态学的诞生。

20世纪传统生态学学科体系逐渐形成。在动、植物生态学领域均引入了生理学、统计学等学科研究的技术与方法。这一时期出版了《动物生态学》《实验室及野外生态学》《动物生态学纲要》《动物生态学基础》《动物生态学原理》《近代植物社会学方法论基础》《植物社会学》《实用植物生态学》《植物生态学》《植物群落学》等书。这些研究从最初的生态效应描述、解释走向机理研究。特别是1935年生态系统概念的提出，标志着生态学进入了以研究生态系统为中心的近代生态学发展阶段。而著名的十分之一定律的提出，发展了“食物链”和“生态锥体”理论，为生态系统研究奠定了基础。

20世纪80年代以来，现代生态学得到了快速发展。首先，生态学自身的学科积累已经到了一定的程度，形成了自己独特的理论体系和方法论；其次，高精度的分析测试技术、电子计算机技术、遥感技术和地理信息系统技术的发展，为现代生态学的发展提供了物质基础和技术条件；最后，社会的发展为生态学提出了新的需求。

（二）生态学的研究对象

生态学源于生物学，是生物科学的一个分支学科。传统的生态学认为，生态学是研究以种群、群落、生态系统为中心的宏观生物学，生态学研究的最低层次是有机体。而现代分子生物学的发展使生态学研究进入到分子水平。因此，现代生态学研究的范畴，按有机体层次结构划分，可从分子、个体、种群、群落、生态系统、景观直到全球。

（1）个体生态学是以生物个体为研究对象，探讨生物与环境的关系，特别是生物体对环境的适应性及其机制的科学，其核心是生理生态学。随着现代生态学的发展，衍生出了细胞生态学、分子生态学等分支学科。

（2）种群生态学是研究栖息在同一地区同种生物个体的集合体所具备的特性，包括种群的年龄组成、性比、数量变动与调节等及其与环境的关系的科学。研究种群生态学对保护和合理利用生物资源以及防治有害生物具有特别重要的意义。

（3）群落生态学是研究栖息于同一地域中所有种群集合体的组合特性、群落的形成与发展，以及种群、群落与环境之间的相互关系等的科学。群落生态学对保护自然环境和生物多样性有重要的指导意义。

（4）生态系统生态学是主要研究生态系统的组成要素、结构与功能、发展与演替，以及人为影响与调控机制的生态科学。20世纪60年代以后，全球出现了人口、环境、资源等威胁人类生存的挑战问题，生态系统研究成为生态学研究的主流。

（5）生物圈（biosphere）是指地球上全部生物和一切适合于生物栖息的场所，其范围包括大气圈的下层、岩石圈的上层以及全部水圈和土圈。地球上所有生命都在这个“薄层”里生活，故称为生物圈。生物圈生态学主要研究生命必需元素和重要污染物在大气、海洋、陆地之间的生物地球化学循环，海—气交换过程、陆—海相互作用、火山活动、太阳黑子活动、核污染对地球影响及其在全球变化中的作用等。生物圈生态学也称全球生态学，它需要多学科、多部门配合来进行综合性研究，是迄今尚未充分研究的最高组织层次的生态学。

综上可见，生态学的研究虽然以宏观生物学为主，但现代生态学出现了许多新变化，生态系统成为学科研究的重点对象，同时，学科发展也呈现出“两极化”的态势，即宏观扩展到生物圈的功能研究，微观则向分子领域深入。

按照环境或栖息地的类型分类，生态学可分为陆地生态学、淡水生态学和海洋生态学。在更小范围内它们还可细分，如陆地生态学可再划分为森林生态学、草原生态学和荒漠生态学等。按照环境划分的生态学分支其基本原理是相同的，但栖息在不同环境中生物的种类组成、研究方法大相径庭。

当生态学的理论与人口、资源和环境等实际问题相结合则产生了应用生态学，它是研究人对生物圈的破坏机制及自然资源合理利用原则的科学。目前，应用生态学已发展成为独立的生态学分支，如环境生态学、农业生态学、恢复生态学、污染生态学、自然资源生态学、人类生态学、城市生态学、持续发展生态学、全球生态学等。此外，生态学与其他学科间的相互渗透，则形成了一些新型的边缘学科，如数学生态学、化学生态学和经济生态学等。这些交叉学科对推动生态学的发展具有重要意义。

二、环境科学

（一）环境科学的研究对象

环境科学是一门研究人类社会活动与环境演化规律之间相互作用关系，寻求人类社会与环境协同演化、持续发展途径与方法的科学。环境科学的研究对象是“人类和环境”这对矛盾之间的关系，其目的是要通过调整或协调人类的社会行为来保护、发展和建设环境，从而使环境永远为人类社会的持续发展提供良好的支撑和保障。

20世纪50年代以来，环境问题成为全球性的重大问题，各学科科学家对环境问题共同进行调查和研究，他们在各自原有学科的基础上，用原有学科的理论和方法，研究环境问题。通过这种研究，逐渐形成了一些新的分支交叉学科，如环境地学、环境生物学、环境化学、环境物理学、环境医学、环境工程学、环境经济学、环境法学、环境管理学等，在这些分支学科的基础上于20世纪70年代孕育产生了环境科学。

环境科学所涉及的内容非常广阔，包括自然科学和社会科学的许多重要方面。近年来，自然科学和工程技术不断地向它渗透并赋予其新的内容，所以环境科学已成为一门自然科学、技术科学及社会科学相互渗透、相互交叉的新兴学科。随着环境问题的发展和人类对其认识的提高，环境科学的研究内容将不断得到丰富和发展。

（二）环境科学研究的主要内容

（1）探索全球范围内环境系统演化的规律。环境总是在不断地变化，环境变异也随时随地产生。使环境向有利于人类的方向发展，避免向不利于人类的方向发展，这是环境科学研究的基本目的。

（2）揭示人类活动同环境的关系。环境为人类提供生存和发展的物质条件，人类在生产和消费过程中不断影响环境。人类生产和消费系统中物质和能量的迁移、转化过程虽然十分复杂，但必须使物质和能量的输入、输出之间保持相对平衡。即：一要使排入环境的废物不超过环境自净能力，以免造成环境污染；二要使从环境中获取的资源有一定限度，保障它们能被持续利用，以求人类和环境的协调发展。

（3）探索环境变化对人类生存的影响。环境是一个多要素组成的复杂系统，其中有许多正、负反馈机制。人类活动造成的一些暂时性或局部性的影响，常常会通过这些已知的或未知的反馈机制积累、放大或抵消，从而引起环境变化。因此，必须研究污染物在环境中的物理、化学变化过程，在生态系统中迁移转化的机理，以及进入人体后发生的各种作用，还必须研究环境退化同物质循环之间的关系，为保护人类生存环境提供依据。

（4）研究人类生存发展对全球环境的整体影响。人类活动造成的不同环境问题有不同的范围，如温室效应、臭氧层破坏等属于全球性环境问题，而酸雨的污染则具有区域性。因此，要解决全球环境问题需从其学科范围和特点出发，系统、全面地对环境问题及其产生的整体影响进行研究。

（5）研究区域环境污染综合防治和生态保护与恢复重建的技术措施和管理措施。引起环境问题的因素很多，需要综合运用多种技术措施和管理手段，从区域环境整体出发，利用现代科学理论、技术和方法寻求解决环境问题的最优方案。

三、其他相关学科

（一）恢复生态学

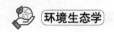

从20世纪90年代中期开始，恢复生态学迅速兴起并得到快速发展。恢复生态学是研究生态系统退化原因、退化生态系统恢复和重建技术与方法、生态过程与机制的科学。恢复生态学的研究内容与环境生态学有交叉，但侧重点不同。首先，在学科的研究范畴上，恢复生态学更侧重恢复与重建技术的研究，属于技术科学的范畴，而环境生态学则更侧重基本理论和统筹规划的探讨，属于基础学科。其次，在学科的研究内容上，恢复生态学的重点在受损生态系统恢复这一领域，注重研究生态恢复的可能性与方法，更关注恢复与重建后生态系统“正向演替”的动态变化，以及如何加快这种演替的措施；而环境生态学则注重研究受损后生态系统变化过程的机制和产生的生态效应，关注的是“逆向演替”的动态规律。最后，在学科的研究方法上，恢复生态学对生态工程学的理论及其技术的发展十分关注，而环境生态学更注意生态监测与评价，以及有关生态模拟研究方法和技术的发展。有关恢复生态学的内容将在以后章节中详细论述。

（二）人类生态学

人类生态学以人类生态系统为研究对象。人类生态系统是人类及其环境相互作用的网络结构，人类作为地球生命的最高发展形式，无论是在智力、身体上还是在社会组织上进化到怎样的水平，最终都不能超越自己是生命有机体这一基本事实，因此，人类生态系统是人类对自然环境的适应、改造、开发和利用而建造起来的人工生态系统。在这个系统中，人类在同地球环境进行物质、能量、信息的交换过程中存在和发展着，人类也构成了食物网中最重要的一环，是人类生态系统中最活跃的因素。

人类生态学的任务就是要揭示人与自然环境和社会环境间的关系，研究生命的演化与环境的关系、人种及人的体质形态的形成及其与环境的关系、人类健康与环境的关系、人类文化和文明与环境的关系，人类种群生态与人口、资源与环境的关系以及生态文化的内涵。可持续发展理论是人类生态学研究的核心，人类生态学以自然—社会—经济复合的人类生态系统为研究对象，以城市生态系统和农业生态系统的可持续发展为人类社会与经济的可持续发展目标，研究可持续发展的生态体制建设、生态工程建设及生态产业建设，研究可持续发展的生态文化建设，特别是生态伦理建设，从而实现可持续发展。

（三）污染生态学

污染生态学研究的对象是受污染的生态系统，是研究生态系统与被污染的环境系统之间的相互作用规律及采用生态学原理和方法对污染环境进行控制和修复的科学。污染生态学有两个方面的基本内涵：①污染物的输入及其对生态系统的作用过程和生态系统对污染物的反应及适应性，即污染的生态过程；②人类有意识地对污染生态系统进行控制、改造和修复的过程，即污染控制与污染修复生态工程。

（四）生态经济学

生态经济学是生态学和经济学相互交叉、渗透、有机结合形成的新兴边缘学科。它以生态学原理为基础，以人类经济活动为中心，围绕着人类经济活动与自然生态之间相互发展的关系，研究生态系统和经济系统复合而成的经济生态系统的结构与功能，研究其矛盾运动过程中所发生的生态经济问题，阐明它们产生的生态经济原因和解决的理论原则，揭示生态经济运动和发展的客观规律。它侧重在人口、资源和环境的整体作用上，探讨人类物质生产所依赖的社会经济系统与自然生态系统的多元关系。

第二章　生物与环境

第一节　生命的起源与地球环境的演变

生命是地球所具有的重要属性，也是地球区别于浩瀚宇宙中其他星球的本质特征。地球形成于约46亿年前，是宇宙中目前已知唯一拥有生命的星球。生命起源是地球乃至宇宙中最重要的过程。地球上最早的生物化石大约见于35亿年前，但研究表明，地球生命可能起源于距今36亿～39亿年。在生命的起源、化学组成及早期演化过程中，地球环境演变扮演了重要角色。

自早期地球生物圈形成以来，生命的演化始终与环境密切相关，表现出明显的协同进化关系。一方面，环境对生命的起源和演化具有显著的控制作用；另一方面，生物体也通过自身的生命活动和生物化学过程影响并改造周边的环境。地球史上的两次大气圈氧化过程和元古宙中期海洋整体化学条件转变就是生物影响、改造地球表层环境的典型例证。同样，大气—海洋系统氧化和海洋化学条件变化，促发真核生物崛起和后生动物快速多样化进程，这又是环境控制生命发展的突出表现。因此，从地球与生命的长期演化过程来看，生命与环境的作用是双向的协同进化关系。

一、生命的起源与早期地球环境的演变

（一）生命起源的环境条件

地球生命的起源历来存在生命的宇宙起源和源自地球本身两种假说。现代地质学研究则更多地支持生命源于地球本身的化学演化的说法。生命的化学演化实验（又叫米勒实验）模拟研究显示，通过非生物的有机合成构成生命的重要分子是可能的。同时也表明在适当条件下，由氨基酸、核苷酸聚合成蛋白质与核酸这类生物大分子也是可能的。这些生命化学演化需要特定的地质条件（如固态岩石圈）、适宜温度、适当的化学成分（如含碳、氮化合物）和特定的物理条件（如还原性大气圈和偏碱性海水），在这些适当的条件下，就可能自发地产生最简单的生命。

水是生命产生的必需条件。早期地球表层水的形成与幔源岩浆分层和脱气过程相关，地幔较浅深度的岩浆充分脱气，可形成化学形态的水。一般认为，地

球海洋至少在39亿年前就已经存在了。

早期大气演化可能经历了3个阶段：①初始大气捕获于太阳星云，以H_2和He为主；②在地球形成的早期，大量陨石撞击使地球物质中的挥发组分释放，形成了以水蒸气、CO_2为主，含有N_2、H_2S、CO、CH_4和H_2等成分的还原性大气圈；③在微生物出现之后（35亿年前至32亿年前），才开始逐渐形成类似现今的含氧大气圈。在原始大气演化中，CH_4和CO的出现对生命的化学演化非常重要：前者是复杂有机分子形成的基础；后者有利于生化碳循环和有机分子化学演化。

黏土矿物和金属硫化物作为催化剂，对生命的化学演化至关重要。它们在较高温度下可以催化有机化合物的合成，是生命热起源理论的基础。

氮、磷元素由无机态向有机态的转化是生命起源的重要条件。在水热系统中，进入生命体的水溶性氮可能源于火山含氮气体和大气氮。

早期地球的海洋—大气系统为还原态，海水富含铁，大气富含CO_2。由于缺乏臭氧层保护，地球表层受强烈紫外线辐射；火山活动强烈，受天体撞击的频率很高。因此，大多数学者普遍认为此时地球上适合生命发展的环境非常有限，其生态、生理特征也与现代生物有很大差别。

（二）大气圈氧化与海洋化学演化

大气圈氧化对早期地球表层系统和生物圈演化影响巨大，而大气氧化主要是产氧光合作用及其产生的自由氧与还原物质（包括气态和固态）相互作用并逐渐平衡的结果。

与大气圈氧化相伴随，海洋化学最显著的变化是由太古宙缺氧—富铁海水向元古宙贫铁—富硫状态的转换。

大氧化事件（GOE）标志着地球史上表层环境最重大变化的开始，从此进入海洋化学条件的整体转化和生命演化的新阶段。地圈为早期生物圈提供了化学合成的基本成分和生态灶，而生物圈为地圈提供了氧。氧气积累不仅改变了地球表层的风化作用、营养循环以及化学元素活性，而且提供了生命演化沿着新的路径发展的重要驱动力。

水和氮、氢、磷、碳等元素是有机分子形成的必备条件，黏土矿物和金属硫化物是促进生命合成的催化剂，而有热液活动参与的碱性海洋环境则是有利于生命发生的孵化场。约自35亿年前原核生物演化之后，生物圈作为地球系统的重要组成部分，与大气、海洋相互作用，加速了地球表层系统的演变。在这个长期过程中，生命与环境始终表现出协同进化的关系。大气圈氧化是地球史上最重大的地质事件之一，它不仅改变了地表环境，加速了表层地质作用过程，而且改变了大气—海洋化学条件和元素循环。大气圈氧化的根本原因在于产氧蓝细菌的演化与发展，元古宙中期海洋由缺氧富铁、贫硫酸盐向氧化分层、贫铁富硫状态的整体转换也与微生物密切相关。而这些环境变化又反过来进一步促进了生命演化及其主导生物—化学过程的转变。

（三）生物圈的演化

最初的生命都是最低等的原核单细胞生物。目前最古老生命证据主要来自澳大利亚和南非34.5亿～35亿年前的硅质沉积岩，包括实体化石和叠层石。太古宙的生物圈可能以起源于深海环境的化能自养细菌和厌氧光合自养细菌为主。

蓝细菌是地球上已知最早出现的产氧光合微生物，也是早期地球大气自由氧的唯一生产者。它的出现被认为是继生命起源之后最重大的突破性生物进化事件，不仅加速了地球表层环境演化，改变了生物进化方向，而且极大地影响了全球碳循环过程和古气候变化。产氧光合作用的出现不仅改变了大气—海洋系统的氧化还原状态以及地球表层环境和地质过程，而且促进了以有氧呼吸为主要代谢方式的复杂生物群的出现。

真核生物出现是地球生命演化史上的里程碑。元古宙中期以真核微生物和宏观藻类的出现以及蓝细菌的繁盛为显著特征。

多细胞动物出现是地球生物圈演化的重大事件，始于新元古代“雪球地球”消融之后。

（四）生命与地球环境的协同演化

地球环境的演变决定了生命的起源与演化，而生命过程又影响着地球表层环境。二者之间存在着相互作用的关系，其实质是协同演化。地球环境演变影响生命演化，生物适应于环境变化；反之，生命演化能影响地球环境演变，生物过程能影响地球环境。

1.地球表层各圈层多半是生物作用或改造的产物

当今地球表层的岩土圈盖层，绝大部分是物理—化学—生物过程的产物。覆盖许多浅海区的碳酸盐沉积物，大部分（除粒屑灰岩和砾状灰岩外）是生物成岩作用的产物；覆盖大部分深海区的硅质软泥也是如此，此外还有磷灰岩等生物成岩作用的产物。陆地上的土壤，都是微生物作用的产物。即使是泥沙碎屑沉积物，也往往含有生物遗体、遗迹或经过生物作用的改造。

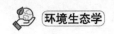

海洋孕育了生物，但生物也改变了海洋。海洋生物圈全部活物质更新周期平均为33天，海洋浮游植物为1天。水圈中全部的水每2 800年通过生物体一次，全球大洋的水平均每半年通过浮游生物过滤一次。除蒸馏水外，几乎不存在无生命活动的水体，因此可以说，全部水圈都经历过生物地球化学过程。

原始大气是无氧大气，开始时CO_2占98%，后来又富含甲烷。由无氧大气转变为当代的富氧大气，几乎完全是生物光合作用（吸收CO_2，放出O_2）的结果。

2.地球表层物质运动都经过物理—化学—生物过程

地球上活着的生物总个体数约为5×10^{22}个，其中宏体生物（macro-organisms）占2%，若按其平均体重1g，平均寿命20天计，则自6亿年前以来，宏体化石累计总质量达6.7×10^{30}g，是地球总质量（6×10^{27}g）的约1 000倍。其所转移的物质总量又为自身质量的许多倍。占98%总生物量的微生物，其转移的物质量倍数更大。由于生物圈覆盖整个地表，因此，在地球表层物质运动中，几乎不存在未经历生物过程的物质。

3.地球表层的能量——太阳能主要靠生物吸收、转换和储存

生命活动吸收、储存太阳能，否则，大部分太阳能将会被反射和散失，地球表层物质运动速率将会大大减慢。当今人类利用的岩石圈中储存的化学能，90%以上来自地球历史生物圈吸收太阳能并转换为有机碳等形式的化石能源（煤、油、气）。以当前的太阳能和地质时期形成的化学能为主，加上地球释放的内能（火山、地热、构造活动），保证了地球表层系统稳定的能量供应。

地球表层目前的状态在很大程度上是靠生命活动来调控和维持的。如果没有生物圈的调控，地球表层就会回复到月球或火星的状态：缺氧的CO_2大气，没有确证的液态水圈，以及裸露无生命的岩石和粉尘。古生代—中生代之交的一次生物大规模灭绝，使宏体生物种数减少了90%，在这次灭绝后的500万年时间中，碳同位素比值有大幅度的波动，表明地球环境变动剧烈，倒退到地球历史早期的状况。这就说明生物圈的存在对维持地球表层目前状态的重要性，可作为当今全球变化和生物多样性危机未来演变的借鉴。

由此可见，生物圈与地球表层存在着相互作用而不是单向作用，生物圈与地球内层的相互作用也正在研究中，如深部生态系。35亿年地球与生命共存的历史是一部地球与生命协同演化史。不仅地球系统影响生物圈，而且生物圈也影响地球系统。这种相互作用或影响，从地球历史早期到现在，是一直在协同地、耦合地进行着。科学家已经能够勾画出环境与生物协同演化的轮廓。

二、地球上的生物

（一）地球上物种的估测数

地球上到底有多少物种？自从理论生态学家May提出这一问题以来，就一直困扰着生物学家们。

尽管随着新物种不断被发现，全球植物与脊椎动物种数还在增加，但是全球植物与脊椎动物种数已经大致确定。植物分类学家对全球植物种数有不同的估计数，如有人指出全球植物种数约422 000种，有人估计约260 000种，全球植物名录报道全球植物种数约300 000种。TPL在2013年将全球植物种数更新为350 699种。

过去二三十年中，植物分类学家在热带地区开展了大量野外采集及分类研究，发现、描述和订正了许多物种。目前多数植物分类学者认为全球植物种数在30万～35万种，包括苔藓1.6万种、蕨类1.3万种、裸子植物1 000种、有花植物26万种。Fish Data（www.fishbase.org）（2016）报道全球有33 200多种鱼类被描述，其中14 000多种为淡水鱼类。美国自然历史博物馆（American Museum of Natural History）（2016）记录全球有7 493种两栖动物（www.research.amnh.org）；截至2015年8月，Reptile Data Base收录了10 272种爬行动物（www.iucnredlist.org）；Bird Life International（2016）报道全球有10 426种鸟类，IUCN（2016）报道全球有5 515种哺乳动物（www.iucnredlist.org）。

人们提出了很多方法估计地球上的物种数目。May提出利用生物体型大小分布估计地球物种数目，他估计地球上有1 000万～5 000万种动物。Raven利用物种纬度梯度丰度估计地球上有300万～500万种大型生物。Grassle和Maciolek根据物种—面积关系估计地球的深海海床上有1 000万种生物。Joppa等人根据物种曲线外推法估计，有待发现的有花植物比例为13%～18%。根据不同分类专家估计，地球上有500万种昆虫、20万种海洋生物。Mom等人发现物种在种以上分类阶元中遵从一种恒定的可预测模式，根据这种模式，他们估计地球上有（870±130）万种生物，其中（220±18）万种生活在海洋中，86%的陆上生物和91%的海洋生物有待发现。

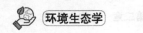

因为气候变化、海洋酸化、栖息地消失、物种入侵和污染等问题，有些物种正慢慢消失。如果我们不知道共有多少物种，我们就无法准确地知道有多少物种已消失。

（二）生物种的概念

物种是一群表型、基因型与其他生物群体有显著差别的生物个体，是由内在因素（生殖、遗传、生理、生态、行为）联系起来的个体的集合，同种个体构成了一个在生态时间尺度中相对稳定的基因库。物种是生物进化的基本单位，是生态系统的基本功能单位。

一般情况下，生物以个体的形式存在，如一头牛、一只鸟、一棵树等，自然界的生物个体几乎是无穷的。有些生物个体之间性状很相似，而有些个体之间性状迥异。为了便于识别，分类学家常把自然界中形态相似的生物个体归为一个种。但对于什么是物种，存在着不同的认识。早在17世纪，Ray在其《植物史》一书中把种定义为“形态相似的个体之集合”，并认为种具有通过繁殖而永远延续的特点。1753年，瑞典植物学家林奈出版了《植物种志》，继承了Ray的观点，认为种是形态相似个体的集合，并指出同种个体可自由交配，能产生可育的后代，而不同种之间的杂交则不育，并创立了种的双命名法。

由于大多数物种在形态上易于识别和区分，后来的多数分类学家主要以形态特征作为识别和区分物种的依据。不同分类学家之间对物种的划分标准是不同的。不管用什么方法所确定的物种，总是部分是客观的，部分是主观的。尽管如此，物种还是客观存在的实体，不同物种之间明显存在形态上的不连续性及不同形式的生殖隔离。

在生物界的漫长历史中，种的分化是生物对环境异质性适应的结果，一个种能代代相传并保存种的特性，取决于遗传物质或生化控制机制。没有这种控制机制，种就不会存在。但种又是适应环境的产物，它不能脱离其生存环境，环境的变动和一个种的分布区内环境的异质性，常常会引起物种性状的改变。

种的性状可分两类：基因型与表型。前者是种的遗传本质，即生物性状表现所必须具备的内在因素；后者是与环境结合后实际表现出的性状。一个物种的性状随环境条件而改变的程度称为该物种的可塑性。还有一类变异来自基因型的改变，主要是通过“基因突变”与基因的重组实现。这类变异是可以遗传的，如果变异幅度朝一个方向继续变化，则导致种的分化。

可见，一个种内的所有个体并非完全同质的，而是存在着各种各样的变异。

（三）生物的协同进化

生物的协同进化，主要是由于生物个体的进化过程是在其环境的选择压力下进行的。因此，一个物种的进化必然改变作用于其他生物的选择压力，引起其他生物也发生变化，这些变化反过来又引起相关物种的进一步变化。这种两个相互作用的物种在进化过程中发生的相互适应的共同进化过程称为协同进化。在很多情况下，两个或更多物种的单独进化常常互相影响，形成一个相互作用的协同适应系统。

捕食者和猎物之间的相互作用是这种协同进化的最好实例。捕食对于捕食者和猎物都是一种强有力的选择，捕食者为了生存必须获得狩猎成功，而猎物生存则依赖逃避捕食的能力。在捕食者的压力下，猎物必须通过增加隐蔽性、提高感官的敏锐性和逃避技能等方式减少被捕食的风险。例如，瞪羚为了不被猎豹所捕食，就要提高奔跑速度，但反过来这又将成为猎豹的一种选择压力，促使猎豹也要提高奔跑速度。因此，捕食者或猎物任何一方的进化都会成为一种新的选择压力而促进对方的变化，这一过程就是协同进化。

1.昆虫与植物间的协同进化

昆虫与植物间的相互作用同捕食者与猎物之间的相互作用非常相似，植食昆虫可给植物造成严重的损害，这对植物来说可能是非常重要的选择压力，对这种压力做出反应的结果是植物会发展自身的防卫能力。对于在演替早期阶段定居的一年生植物来说，主要靠植物体小、分散分布和短生命周期等对策来逃避捕食。对多年生植物来说，由于受到昆虫攻击频率的增加，它们必须发展其他防卫方法，很多植物靠物理防卫阻止具有刺吸式口器昆虫的攻击，如表皮加厚变得坚韧、多毛或生有棘刺等；还有一些植物则发展了化学防卫。所有植物都含有许多化学物质，其中许多物质对植物的主要代谢途径（如呼吸和光合作用）没有明显的作用，但可以履行防卫功能。例如，甘蓝可以分泌出具有特殊气味的次生化学物质，从而防止一些昆虫的接近，并且这些化合物对于许多昆虫是有毒的。

2.大型草食动物与植物的协同进化

对植物而言，大型草食动物（又叫食草动物）的取食活动无疑也是一种强大的选择压力。在这种压力下，几乎所有的植物都具有化学或物理学方面的防护对策，如高位的生长点可保证草食动物的啃食不会影响它们的生长。大型草食动物的存在对植物群落结构和物种组成有显著影响，如通过它们的啃食，能淘汰那些对啃食敏感的植物，或能抑制抗性较强植物的营养生长，从而减弱种间竞争，使一些植物得以定居，这在一定程度上保持了物种的多样性。

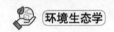

詹森（Janzen）认为，动物对所食植物采取何种对策，取决于动物的相对大小。如果与食物相比，动物显得很小（如昆虫，不仅体小，世代也很短），那么就很可能采取寡食性或单食性对策；如果与食物相比，动物很大，则更可能采取多食性对策。动物在适应植物防卫上所采取的不同对策，导致了植食动物与植物间的相互作用方式表现出不同类型。

3.互惠共生物种间的协同进化

生物之间的相互适应过程是一个持续的螺旋式发展过程，选择压力不断地起作用，更有可能导致一种稳定状态，此时每一方都以尽量减少对方的干扰或损害而发生适应，从而最大限度地减少对方的反应。Janzen曾详尽地描述了一种金合欢树和一种蚂蚁之间的共生关系。这种金合欢树的特点是长有膨大的叶形刺，栖于空心刺的蚂蚁能保护金合欢树不受植食动物的危害，并攻击在树上遇到的其他昆虫。此外，蚁群还攻击生长在金合欢树下方圆150cm以内的任何外来植物。因此，一棵拥有足量共生蚁的成年金合欢树，可因蚁群的保护而使天敌减少并在其周围创造了一个无竞争的环境。而且在同蚂蚁共生之前，金合欢幼苗的生长非常缓慢，一旦同蚁群建立了共生关系，生长速率就明显加快，如果不同蚁群建立这种关系，金合欢树就不能发育成熟。

4.协同适应系统

互惠共生的物种间常以尽量减少损害对方的方式而实现互利共生和协同进化。

上面的讨论只限于两个物种之间的进化关系，实际上，每一个物种都处在一个由很多物种组成的群落环境之中，一种树栖昆虫不可能孤立地只同树木发生关系，而是与树上的所有其他昆虫都存在相互作用。协同进化不仅仅存在于一对物种之间，而且存在于同一群落的所有成员之间。所有种类的捕食者之间也存在着互相影响、互相作用和互相竞争的关系。捕食者要适应它们的每一种猎物，而每种猎物也要适应捕杀它们的每一种捕食者。

总之，所有物种都处在协同进化的相互适应之中。不同的捕食动物采取不同的猎食方式并依据年龄、性别选择自己的食物，以便最大限度地减少它们之间的竞争。在坦桑尼亚的草原上，各种草食动物（如斑马、野牛和转角牛羚）按照严格的次序一种接一种地陆续穿过草原，每一种都取食草的不同部分，并为下一种到来的动物留有食物。每种草食动物不仅直接与植被相互作用，而且与草食序列中的其他动物相互作用。虽然自然选择是在个体或由亲缘个体组成的群体水平上起作用，但是由于群落中生物之间的相互作用总是包含着对相关物种的巨大选择压力，协同进化总是导致生态系统的进化，这种协同进化压力对决定群落的结构和多样性也起着重要作用。

三、地球的自我调节理论——Gaia 理论

Gaia理论（Gaia hypothesis）又称盖亚理论、盖亚假说，是由英国大气学家拉伍洛克（James Love lock）在20世纪60年代末提出的地球自我调节理论。后来经过他和美国生物学家马古利斯（Lyrm Margulis）共同推进，逐渐受到西方科学界的重视，并对人们的地球观产生着越来越大的影响。

（一）Gaia理论的提出背景

20世纪60年代，美国航空航天局（NASA）在探测火星生物证据之初，设计了火星土壤化学实验，以发掘生命活动的指示物蛋白质和氨基酸。后来，Love lock提出新的思路，希望能找到“熵值减少”这一生命活动的一般特征。假定任何星球上的生物都通过流体介质传输新鲜物质或生物残渣，在介质中就会显现熵值减少的特征，并且改变原来无生命条件下的化学组成。

地球上的流体介质主要为海洋和大气。火星上没有海洋，大气为其主要介质。因而Love lock设想通过对其大气圈进行化学分析来检测生命的存在。如果一个星球没有生命活动，则大气组成完全由物理和化学性质决定，并接近于平衡。但如果存在生命，那么大气就会作为新鲜物质或残渣的储库，这将改变大气的组成并使之失衡。

火星和地球的大气组成如图2-1所示，地球上有氧气存在，同时有一定量的碳氢化合物。在一个无生命的星球上，大量氧气和甲烷（及其他反应气体）是不可能共存的。正是这种持久的不稳定性表明了地球是具有生命的，能够保持其自身大气组成的动态平衡。Love lock提出这样一个观点：化合物的浓度需要一个活性控制系统加以调节。这种思想的萌发最终导致Gaia理论的形成。

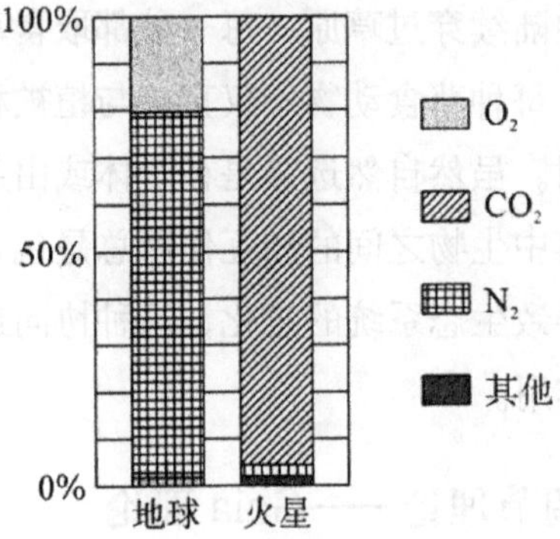

图2-1　地球与火星大气组成比较

（二）Gaia理论的主要论点

Gaia理论认为生物与地球组成了一个类似生物的整体，具备自我调节能力。将所有生物活动当成一个独立的系统，其功能远远超过各组成部分的功能之和，生物活动将地球大气调节至适合生物需要。Gaia的自我调节由生物反馈作用实现，主要是负反馈作用，抑制地球系统偏离原状态。这种生物反馈由达尔文所说的自然选择（或适者生存）产生。地球上的生物，特别是细菌，与地球的无机系统相互作用，无意识地稳定了全球的环境以保持对生物有利的环境。

1.地球上所有生物都起着调控作用

Gaia理论认为，地球上所有生物对其环境不断地起着主动调节作用。地球上生物有机体将以大气层作为原料源和废物库，这就改变了大气的化学组成，使大气偏离平衡。将有生物的地球和其相邻而无生命的火星或金星的大气气体构成对比，可以发现火星上因没有生物而不能实现CO_2和O_2的转换，始终以CO_2为主，且基本处于平衡状态，而地球上生命系统的出现，使大气中原有的还原性气体（如H_2、CH_4、NH_3）部分转化为氧化性气体（如O_2、CO_2、N_2O），而且转变的幅度相当大，如氧气约占1/5，氮气约占4/5，地球的CO_2则由原来的主要气体（占98.0%）退位到目前的非主要气体。另外，大气中高浓度氮和水的存在，也表明生物改变了其化学组成，显示生命存在方式是处于非平衡状态。如地球上没有生命的出现，地球大气中的各种气体浓度就可能同火星或金星相似。

2.地球生态系统具有稳定性

Gaia系统不是无生命的、机械的和被动的系统，其内部生物的各个部分有序、相互协调，才保证了整个地球系统的稳定性。尽管地球受到频繁的干扰和破坏，但它能表现出一定的稳定性。例如，如果地球温度只由太阳辐射强度决定，那么地球在生命出现的早期（10亿～15亿年前）应处于冰冻状态，而太阳自诞生以来其辐射强度已增长25%左右，若按此计算，地球上的温度将是很高的，而实际上，地球表面平均温度一直保持在13℃左右，即使在地球上出现生物大规模灭绝的白垩纪和第三纪间，地球大气和地表温度的变化也很小。因此，Gaia理论认为，地球的这种稳定性乃是地球上调节系统即生物总体对环境主动影响的结果。

3.地球本身是进化系统

Gaia理论认为，生物保证了整个地球系统的稳定性。生物体影响其生存环境，而环境又反过来影响达尔文所说的生物进化过程，两者是共同进化的。

一些地球科学家认为，地球进化主要是地球化学或者物理学的进化。他们忽视了生物对地球进化的作用和影响。Gaia理论则不同，它认为地球环境是由地球上所有生物及其物质环境构成的，两者密不可分。气候、化学组成的调节是该系统的应变特性，这种应变性完全是自动的，并不具有目的性。但生物自身这种生物学的进化则是有目的的、应变性更强的进化过程。地球作为一个系统，在长期的自动调控过程中逐渐进化，但有时出现间断，这是生物与环境间的偶然突变引起的。这种变化能使系统进化到一个高级的新状态。地球进化期间曾有飞跃，如25亿年前太古代的厌氧生物进化到元古代的富氧生物。关于进化是渐进的还是突变的问题，Gaia理论认为，进化是渐进和间断的结合。Gaia理论与达尔文进化理论并不相悖，它也认为，自然选择的生物进化是行星自我调节的一个重要部分。

4.地球系统是有机整体

Gaia理论强调，整个地球是生物区系和大气、土壤以及海洋所组成的一个综合有机整体。生物和环境之间相互作用，不可分割。生物区系的发展、进化会影响到整个地球的物理和化学进化进程，从而影响到大气、海洋和土壤。例如，生物区系发展得好，对区域气候调节的作用就强，可以使当地的土地肥沃，大气清洁，水体清澈。否则的话，将造成水土流失，或大气、水体易被污染，人类生存的环境质量下降；反之，若土壤肥沃，大气、水体清洁，也将会促使生物区系更好地发展。生物与环境的联系如此紧密，只有把它们看成一个整体，而不是孤立地看待它们的每一部分，才能真正了解地球。“地球上所有的生物，从鲸鱼到病毒，从橡树到藻类，一起构成了一个实体。这个实体能够使地球的生物圈满足她的全部需要，并且赋予她远远大于其各部分的功能”；“没有整体观念，生物学、工程学和Gaia理论就会完全失去力量。”（Love lock）

5.地球生理学是地球进化的方式

Love lock认为，地球物理学并不能说明Gaia理论的起源，于是他提出地球生理学这一新概念。Gaia理论认为，一旦地球能够保持环境的稳定性，那么一定有一个复杂的系统在起作用。太古代模拟研究发现，随着陆地行星地球物理和地球化学的不断演化，发展进化过程中出现一个适合生物生存的时期时，地球上就出现光合生物和厌氧生物，这些有机体的发展壮大对地球化学进化产生强烈的影响和调节。

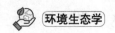

在生态系统进化过程中，光合生物通过转化CO_2和增强分化造成的冷却作用而形成寒冷气候，而厌氧生物则通过形成温室气体起着增温的作用。发展到后来，生态系统形成了由生产者、分解者和消费者所组成的功能系统，地球行星的生命系统进化到一个新的时期。所以地球上的生物不能过于稀少，否则会影响地球物理和地球化学的进化，对环境的调节能力也会明显下降甚至消失，行星条件就将不断朝着无机化学的方向发展。

（三）Gaia理论与生物进化

1.“生命造就生命”

Gaia理论强调生物圈集体作用调节环境，生物对于全球环境起到反馈作用，主要是负反馈作用，遏制了地球系统向极端情况发展，最终受益者仍然是生物圈。简化这一过程，不难发现生命活动维持了自身生存环境，使地球成为可居住星球，并促使生物不断演化发展，亦即“生命造就生命”。例如，颗石藻释放二甲基硫化物（DMS），有助于云层的形成，对局部地区气候进行调节；在较长的时间尺度里，植物光合作用对全球气温的调节作用；海洋生物维持了海水盐度，以及N、P等生物营养元素含量比值；太古宙产烷微生物对地球的保温作用；在地球的“不正常状态”，即地质事件发生后，通过生物作用，最终全球环境逐步恢复，等等。这些事例不断被发现，也使“生命造就生命”这一Gaia理论的本质属性逐渐得到越来越多自然科学家的认可。

2.生物与环境的协同进化

自生物形成以来，生命与环境之间就在相互联系中不断发展着。地球大气和环境的演化过程，简而言之，从海洋形成、小行星撞击事件、太古宙富甲烷大气、氧化事件、雪球地球到大气中CO_2含量降低、氧含量升高。在此过程中，生命形式也从低级向高级、由简单向复杂进化。地球环境的每一次变化，都导致了生物的进化，同时，生物的发展对环境的演化也具有重要的影响。自海洋形成、小行星撞击事件之后，生命就开始形成。太古宙产氧生物作用造成大气富集甲烷，第一次氧化事件与光合作用生物出现直接相关，第二次氧化事件与新元古代雪球地球与真核细菌的作用相关，而寒武纪生命大暴发及维管植物的繁盛，将生命活动推入一个高峰期，最终也使大气中CO_2含量进一步降低，氧含量上升。总之，生物在全球环境的演化过程中不断进化，而生物对环境演化产生直接或间接地影响，而改变后的环境有利于生物向高级、更复杂的形式不断发展。

Gaia理论强调生物圈对整个地球系统的调节作用。生物圈不仅是地球具有生命的直观体现，更是地球系统各圈层相互作用的关键环节。生物不仅仅是被动地适应环境，它对环境具有调节作用，并使环境演化有利于生物进化。

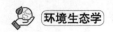

第二节 环境的概念及其类型

一、环境的概念

环境总是相对于某一中心事物而言的，因中心事物的不同而不同，随着中心事物的变化而变化。围绕中心事物的外部空间、条件和状况，构成中心事物的环境。我们通常所称的环境是指人类的环境。

环境是指某一特定生物体或生物群体以外的空间，以及直接、间接影响该生物体或生物群体生存的一切事物的总和，它由许多环境要素构成。

《中华人民共和国环境保护法》所指的环境是从法学的角度对环境概念的阐述："本法所称环境，是指影响人类生存和发展的各种天然的和经过人工改造的自然因素的总体，包括大气、水、海洋、土地、矿藏、森林、草原、湿地、野生生物、自然遗迹、人文遗迹、自然保护区、风景名胜区、城市和乡村等。"由此可见，环境保护法所指的环境是人类生存的环境，是作用于人类并影响人类生存和发展的外界事物。

人类活动对整个环境的影响是综合性的，而环境系统也是从各个方面反作用于人类，其效应也是综合性的。人类与其他的生物不同，不仅仅以自己的生存为目的来影响环境，使自己的身体适应环境，而且为了提高生存质量，通过自己的劳动来改造环境，把自然环境转变为新的生存环境。这种新的生存环境有可能更适合人类生存，但也有可能恶化人类原来的生存环境。在这一反复曲折的过程中，人类的生存环境已形成一个庞大的、结构复杂的，多层次、多组元相互交融的动态环境体系。

二、环境的类型

人们习惯上将生活的环境分为自然环境和社会环境。自然环境亦称地理环境，是指环绕于人类周围的自然界，它包括大气、水、土壤、生物和各种矿物资源等。自然环境是人类赖以生存和发展的物质基础。在自然地理学上，通常把这些构成自然环境总体的因素，划分为大气圈、水圈、生物圈、土圈和岩石圈5个自然圈。

社会环境是指人类在自然环境的基础上，为不断提高物质和精神生活水平，通过长期有计划、有目的的发展，逐步创造和建立起来的人工环境，如城市、农村、工矿区等。社会环境的发展和演替受自然规律、经济规律以及社会规律的支配和制约，其质量是人类物质文明建设和精神文明建设的标志之一。

在不同的学科或研究领域，环境的分类有很大差异，这主要是研究的环境主体和性质等的不同，所以在环境的分类中也可以按照环境的主体、环境的性质、环境的范围或环境要素等分类。如图2-2所示，若按照环境要素来分类，可以分为大气环境、水环境、地质环境、土壤环境及生物环境；按照环境的主体则可分为人类环境（以人为主体）和自然环境（以生物为主体）；按照环境的性质可分为自然环境、半自然环境（被人类破坏后的自然环境）和社会环境；按照环境的范围大小可分为宇宙环境（星际环境）、地球环境、区域环境、微环境和内环境。

- 环境的类型
  - 按环境要素分
    - 大气环境
    - 水环境
    - 地质环境
    - 土壤环境
    - 生物环境
  - 按环境主体分
    - 以人为主体的人类环境
    - 以生物为主体的自然环境
  - 按环境性质分
    - 自然环境
    - 半自然环境
    - 社会环境
  - 按环境范围大小分
    - 宇宙环境
    - 地球环境
    - 区域环境
    - 微环境
    - 内环境

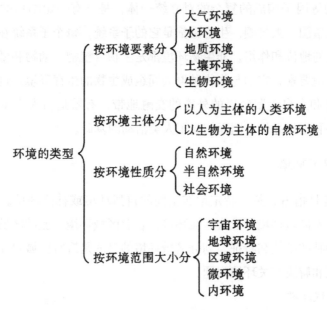

图2-2　环境的类型

（一）宇宙环境

宇宙环境又称为星际环境，是指地球大气圈以外的宇宙空间环境，由广漠的空间、各种天体、弥漫物质及各类飞行器组成。它是人类活动进入地球邻近的天体和大气层以外的空间的过程中提出的概念，是人类生存环境的最外层部分。

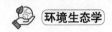

太阳辐射能为地球的人类生存提供主要的能量。太阳的辐射能量变化和对地球的引力作用会影响地球的地理环境，与地球的降水量、潮汐现象、风暴和海啸等自然灾害有明显的相关性。随着科学技术的发展，人类活动越来越多地延伸到大气层以外的空间，发射的人造卫星、运载火箭、空间探测工具等飞行器本身失效和遗弃的废物，将给宇宙环境以及相邻的地球环境带来新的环境问题。

（二）地球环境

地球环境又称地理环境或全球环境，地理学上所指的地球环境位于地球表层，处于岩石圈、水圈、大气圈、土壤圈和生物圈相互制约、相互渗透、相互转化的交融带上。它下自岩石圈的表层，上至大气圈下部的对流层顶，厚10～20km，包括全部的土壤圈，其范围大致与水圈和生物圈相当。概括地说，地球环境是由与人类生存与发展密切相关的，直接影响到人类衣、食、住、行的非生物和生物等因子构成的复杂的对立统一体，是具有一定结构的多级自然系统，水圈、土壤圈、大气圈、生物圈都是它的子系统，每个子系统在整个系统中有着各自特定的地位和作用。非生物环境都是生物（植物、动物和微生物）赖以生存的主要环境要素，它们与生物种群共同组成生物的生存环境。这里是来自地球内部的内能和来自太阳辐射的外能的交融地带，有着适合人类生存的物理条件、化学条件和生物条件，因而构成了人类活动的基础。

（三）区域环境

区域环境是指占有某一特定地域空间的自然环境或社会环境。区域环境按功能可分为自然区域环境、社会区域环境、农业区域环境、旅游区域环境等，它们具有各自独特的结构和特征。划分区域环境的目的是进行区域对比，并按各区域特点来研究和解决有关环境问题。

1.自然区域环境

自然区域环境按自然特点可划分为森林、草原、草甸、荒漠、冰川、海洋、湖泊、河流、山地、盆地、平原等。同一类型的自然区域环境可以出现在地球上不同的空间，例如，亚洲有温带草原，北美洲也有温带草原。同一类型的自然区域环境也有差异，例如，森林区域环境有寒带针叶林环境、温带阔叶林环境、亚热带常绿林环境、热带雨林环境等。自然区域环境的出现和分布符合自然地带的水平分布规律和垂直分布规律。一个完整的自然区域环境，往往就是一个生态系统，如寒带针叶林环境有高等绿色植物群落和相应的动物群落，林下发育着灰化类型的土壤并栖息着相应的微生物区系，这些生态特点是与热带雨林环境不相同的。自然区域环境是随着地球自身的演变发展而形成的，我们现在所见到的海洋和陆地以及陆地上各种类型的自然区域环境，都是地质历史的产物。例如，喜马拉雅山在白垩纪以前还沉睡在海底，在白垩纪晚期至第三纪初期，由于印度板块向北漂移，与欧亚板块相碰撞，喜马拉雅山才开始上升为陆地，并逐渐成为被称为“世界屋脊”的高大山脉，而且至今仍在继续上升。但是，自然区域环境在人类影响下，会发生变化。例如，森林的无计划砍伐，会造成森林植被的消失，引起严重的水土流失和气候异常，森林区域环境就会变成另一种类型的自然区域环境；草原的过度放牧，会引起草原退化和沙漠化，富饶的草原会成为不毛之地。如果人类合理利用或改造自然区域环境，则可以保持并且能够改善原来的环境质量。例如，森林的合理砍伐，加上人工培育更新，原来的森林类型不仅可以得到保存和发展，木材的储积量还会增加。

2.社会区域环境

社会区域环境可按社会经济文化特点划分为城市区域环境、工业区域环境等，它们分别构成一个独特的人类生态系统。城市区域环境与自然区域环境不同，它是人口密集、活动频繁的区域。在城市区域环境中还包含次一级的区域，如工业区、商业区、文化区、交通枢纽区等。城市类型不同，社会区域环境特点也有差异。有的城市主要功能是一个政治中心，如德国的波恩，这样的区域环境主要包含行政机关、居民区和商业区等；有的是以科学文化事业为主，如日本的筑波；有的是以旅游业为主，如意大利的威尼斯；许多城市是以工业为主体，如日本的四日市以石油化工为主。

在城市区域环境中，由于工业迅速发展和人口急剧增加，大量废弃物排入周围的大气、水体和土壤中，造成环境污染，使环境质量下降。一些城市开始对环境污染进行治理和控制，城市区域环境有了一定的改善。

3.农业区域环境

农业区域环境与城市区域环境不同，人口的密集程度和交通的发达程度都较低，它在很大程度上受到自然条件（特别是气候和地形）和经济条件的影响。例如，中国南方的气候条件适宜种植水稻，长江以南的农业区域环境中，农田主要由稻田构成；中国北方的气候适于种植小麦、玉米、高粱等旱地作物，农田主要由旱地构成。一些国家经营集约型农业，种植单一的作物（如咖啡、甘蔗、棉花等），这种农业区域环境就不同于多种经营的农业区域环境。农业区域环境的共同特点是以生产农产品和畜产品为主，有的兼营农产品加工业及其他工业。

4.旅游区域环境

旅游区域环境主要作为观赏、娱乐、休息和疗养的场所，大多数处在风景优美的自然区域环境中，并有人工建筑物以及各种文化娱乐、体育、居住、交通、医疗等生活服务设施。中国许多旅游区域环境都是闻名世界的，如浙江的杭州、广西的桂林、江西的庐山和安徽的黄山等。

（四）微环境

微环境是指区域环境中，由于某一个（或几个）圈层的细微变化而产生的环境差异所形成的小环境。例如，生物群落的镶嵌就是微环境作用的结果。

（五）内环境

内环境是指生物体内组织或细胞间的环境，对生物体的生长和繁育具有直接的影响。

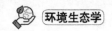

第三节　环境因子与生态因子

一、环境因子

（一）环境因子的概念

任何一种环境都包含多种多样的组成要素，环境就是由许多环境要素所构成，这些环境要素即称为环境因子。

（二）环境因子的分类

环境因子具有综合性和可调剂性，它包括生物有机体以外所有的环境要素。美国生态学家R.F.Daubenminre（1947）将环境因子分为三大类（气候类、土壤类和生物类）和7个并列的项目（土壤、水分、温度、光照、大气、火和生物因子）。这是以环境因子特点为标准进行分类的代表。Dajoz（1972）依据生物有机体对环境的反应和适应性进行分类，将环境因子分为第一性周期因子、次生性周期因子及非周期性因子。Gill（1975）将非生物的环境因子分为3个层次：第一层，植物生长所必需的环境因子（如温度、光照、水分等）；第二层，不以植被是否存在而发生的对植物有影响的环境因子（如风暴、火山爆发、洪涝等）；第三层，存在与发生受植被影响，反过来又直接或间接影响植被的环境因子（如放牧、火烧等）。

二、生态因子

生态因子是指环境中对生物的生长、发育、生殖、行为和分布有着直接或间接影响的环境要素，如温度、湿度、食物、氧气、CO_2和其他相关生物等。生态因子中生物生存所不可缺少的环境条件，称为生物的生存条件。所有生态因子构成生物的生态环境。具体的生物个体和群体生活地段上的生态环境称为生境，其中包括生物本身对环境的影响。生态因子和环境因子是两个既有联系又有区别的概念，生态因子是环境中对生物起作用的因子，而环境因子则是指生物体外部的全部要素。

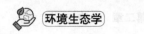

任何一个自然环境中都包含许多种生态因子，各种生态因子的作用并不是独立的，而是相互关系、相互影响的，因此，在进行生态因子分析时，不能只片面地注意到某一生态因子而忽略了其他因子。在一定条件下，生态因子的重要性不同，具有主次之分，即非等价性。根据生态因子的相对重要性可以将它们分为主要生态因子和次要生态因子。

再者，随着时间、地点等各种条件的变化，生态因子的重要性及其作用方式也可能发生相应的改变。例如，鸡蛋在孵化期间，环境当中的温度、湿度、氧气等生态因子都对其胚胎发育起着影响作用，其中，温度和湿度起着决定性的作用，是主要生态因子，但是，到了胚胎破壳的时候，充足的氧气就特别重要，因为此时胚胎的呼吸已经由胚膜呼吸转变为肺呼吸了。

在自然环境中，各种生态因子的作用之间存在着明显的相互影响，各种生态因子的相互影响可以发生在非生物因子与非生物因子之间（例如，当土壤中的氮不足时，草本植物对干旱的抗性就会降低。又如，恒温动物对高温的耐受范围受大气湿度的影响，大气湿度适当地降低有利于蒸发散热，在这种条件下，恒温动物的耐热能力较强；相反，大气湿度太高则耐热能力较弱），也可以发生在生物因子和非生物因子之间，还可以发生在生物因子与生物因子之间，因此，在人工环境条件下仅对单一生态因子进行实验研究的意义是有限的。

三、生态因子的类型

生态因子的类型多种多样，分类方法也不统一。简单、传统的方法是把生态因子分为生物因子和非生物因子两类。前者包括生物种内和种间的相互关系，后者则包括气候、土壤、地形等。

1.气候因子

气候因子也称地理因子，包括光、温度、水分、空气等。根据各因子的特点和性质，还可再细分为若干因子，如光因子可分为光强、光质和光周期等，温度因子可分为平均温度、积温、节律性变温和非节律性变温等。

2.土壤因子

土壤是气候因子和生物因子共同作用的产物。土壤因子包括土壤的物理与化学性质、土壤肥力、土壤生物等。

3.地形因子

地形因子指地面的起伏、坡度、坡向、阴坡和阳坡等，通过影响气候或水热分配，间接地影响植物的生长和分布。

4.生物因子

生物因子包括生物之间的各种相互关系，如捕食、寄生、竞争和互惠共生等。

5.人为因子

把人为因子从生物因子中分离出来，是为了强调人的作用的特殊性和重要性。人类活动对自然界的影响越来越大且越来越带有全球性，分布在地球各地的生物都直接或间接地受到人类活动的影响。

生态因子的划分是人为的，其目的只是研究或叙述的方便。实际上，在环境中，各种生态因子的作用并不是单独的，而是相互联系并共同对生物产生影响的，因此，在进行生态因子分析时，不能只片面地注意到某一生态因子，而忽略了其他因子。另外，各种生态因子也存在着相互补偿或增强作用。在生态因子影响生物的生存和生活的同时，生物体也在改变生态因子的状况。

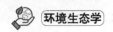

第四节　生物与环境关系的基本规律

一、生态因子作用的一般特征

环境中的生态因子不是独立地对生物产生作用，而是作为一个整体发挥综合作用，这主要表现为生态因子间的相互影响、相互作用，生态因子的不可替代性以及生态因子的主次关系和直接与间接关系。

（一）综合作用

环境中的各种生态因子彼此联系、互相促进、互相制约，任何一个单因子的变化必将引起其他因子不同程度的变化，对生物起到不是单一的而是综合的作用。例如，光照强度的变化必然引起大气和土壤温度、湿度的改变，而所有这些改变都同时对生物产生影响，这就是生态因子的综合作用。

（二）主导因子作用

组成环境的生态因子都是生物所必需的，但对生物起作用的诸多因子是非等价的，其中有1~2个是起主要作用的生态因子，即主导因子。主导因子的改变常会引起其他生态因子发生明显变化或使生物的生长发育发生明显变化。例如，光合作用时，光照是主导因子，温度和CO_2是次要因子；春化作用时，温度为主导因子，湿度和通气条件是次要因子。

（三）直接作用和间接作用

生态因子对生物的作用有直接的，有间接的。直接影响或直接参与生物体新陈代谢的生态因子为直接因子，如光、温度、水、气、土壤等。不直接影响生物，而是通过影响直接因子来影响生物的生态因子为间接因子，如地形、地势、海拔等。间接因子对生物的作用虽然是间接的，但往往是非常重要的，它一般支配着直接因子，而且作用范围广，作用强度大，有时甚至构成地区性影响及小气候环境的差异。区分生态因子的直接作用和间接作用对生物的生长、发育、繁殖及分布很重要。

（四）阶段性作用

在自然界，各生态因子组合随时间的推移而发生阶段性变化，并对生物产生不同的生态效应，生物在生长发育的不同阶段对外界生态条件的要求也存在阶段性变化，因此，生态因子对生物的作用也具有阶段性。例如，小麦的春化阶段要求有相应的低温作保证，而一旦通过春化阶段，低温对小麦的生长发育就显得不很重要，有时，低温还会对小麦产生有害的影响。

（五）不可代替性和补偿作用

各种生态因子的存在都有其必要性，主导因子的缺乏可影响生物生长甚至导致其死亡，所以不可代替，但在综合作用过程中可局部补偿。生态因子虽非等价，但都不可缺少，一个因子的缺失不能由另一个因子来代替。所以从总体上说生态因子是不可替代的，但是局部是能补偿的。如在一个由多个生态因子综合作用的过程中，某因子在量上的不足，可由其他因子进行补偿，获得相似的生态效应。以植物进行光合作用来说，光照不足所引起的光合作用的下降可由CO_2浓度的增加得到补偿。

二、生物对生态因子的耐受限度

（一）最小因子定律

1840年，德国化学家B.J.Liebig在研究各种生态因子对植物生长的影响时发现，作物的产量往往不是受其大量需要的营养物质（如CO_2和水）所制约，因为它们在自然环境中很丰富，而是取决于那些在土壤中较为稀少且又是植物所需要的营养物质（如硼、镁、铁、磷等），因此，Liebig提出了“植物的生长取决于环境中那些处于最小量状态的营养物质”的观点。进一步的研究表明，Liebig所提出的理论也同样适用于其他生物种类或生态因子，因此，Liebig的理论被称为最小因子定律。这与系统论中的“木桶原理”含义一致，即一个由多块木板拼成的水桶，当其中一块木板较短时，不管其他木板多高，水桶装水量总是受最短木板制约的。

E.P.Odum认为，应用Liebig的最小因子定律时，应作两点补充：①Liebig定律只有在环境条件处于严格的稳定状态下，即在物质和能量的输入和输出处于平衡状态时才能应用；②应用Liebig的最小因子定律时还应考虑到各种因子之间的相互作用，当一个特定因子处于最小量时，其他处于高浓度或过量状态的物质可能起着补偿作用。

每一种植物都需要一定种类和一定数量的营养物，如果其中有一种营养物完全缺失，植物就不能生存；如果这种营养物质数量极微，植物的生长就会受到不良影响。因此，对最小因子法则的概念必须作以上两点补充才能使它更为实用。

（二）耐受定律

Liebig的最小因子定律指出了因子低于最小量时成为影响生物生存的因子。实际上，因子过量时同样也会影响生物生存。1913年，美国生态学家V.E.Shelford提出了耐性定律。他认为，任何一个生态因子在数量上或质量上的不足或过多，即当其接近或达到某种生物的耐受限度时，就会影响该种生物的生存和分布。该定律把最低量因子和最高量因子相提并论，把任何接近或超过耐性下限或耐性上限的因子都称为限制因子。耐性定律也表明，那些对生态因子具有较大耐受范围的种类，分布就比较广泛，这些种类就是所谓的广适性生物；反之则称为狭适性生物。

（三）限制因子

生物的生存和繁殖依赖于各种生态因子的综合作用，但是其中必有一种或少数几种因子是限制生物生存和繁殖的关键性因子，这些关键性因子就是所谓的限制因子。任何一种生态因子只要接近或超过生物的耐性下限或耐性上限，它就会成为这种生物的限制因子。

如果生物对某个生态因子的耐受范围很广，而这个因子在环境中又比较稳定，那么这个因子就不可能成为一个限制因子；如果生物对某个生态因子耐受范围很窄，而这个因子在环境中又容易变化，那么这种因子就很可能是一个限制因子。例如，在陆地上生活的动物一般不会缺氧，但是，氧气在水中的含量比在空气中的低得多，在高密度养殖池塘中，溶解氧含量往往就成为限制因子，在水质监测中是一个必测的生态因子。

限制因子的概念指明了研究生物与环境复杂关系的一个出发点，即在研究某个特定环境时，首先应该关注那些影响生物生存和发展的限制因子，这就是这个概念的最主要价值。它使生态学家掌握了一把研究生物与环境复杂关系的钥匙，因为各种生态因子对生物来说并非同等重要，生态学家一旦找到了限制因子，就意味着找到了影响生物生存和发展的关键性因子，并可集中力量研究它。

三、生命系统的稳态特性

（一）稳态

稳态是生命系统的重要特征，是生命系统在与外界环境的物质、能量和信息交流过程中，通过自身的调节机制而维持的相对稳定状态。稳态是生命系统能够独立存在的必要条件。生物体内的各种代谢过程，都将维持自身的稳态作为目标。稳态的维持靠的是生命系统内部的自动调节机制。

稳态的概念源于人体内环境的研究。1857年，法国生理学家C.Bernard首先指出，细胞外液是机体细胞直接生活于其中的外环境，也就是身体的内环境。虽然机体的外部环境经常变化，但内环境基本不变，从而给细胞提供了一个比较稳定的理化环境。“内环境的稳定是独立自由的生命的条件。”失去了这些条件，代谢活动就不能正常进行，细胞的生存就会出现危机。1926年，美国生理学家W.B.Cannon发展了内环境稳定的概念，指出内环境的稳定状态只有通过细致地协调各种生理过程才能达成。内环境的任何变化都会引起机体自动调节组织和器官的活动，产生一些反应来减少内环境的变化。他将这种由代偿性调节反应所形成的稳定状态称为稳态。他认为稳态并不意味着稳定不变，而是指一种可变的相对稳定的状态，这种状态是靠完善的调节机制抵抗外界环境的变化来维持的。

在W.B.Cannon之后，随着生物学的发展，以及系统论和控制论的思想方法对生物学的影响，稳态的概念突破了生理学范畴，延伸至生命科学的各个领域，成为整个生命科学的一大基本概念。人们认识到，不仅人体的内环境存在稳态，各个层次的生命系统都存在稳态。在微观领域，细胞内的各种理化性质也是大致维持稳定的，各种酶促反应的进行受到反馈调节；基因表达过程中同样存在稳态。在宏观领域，种群、群落、生态系统都存在稳态。

但是，稳态这个术语更经常用来反映生物个体，即个体系统内部环境的平衡，如体温、血糖、氧、体液等。由于环境总是不断地在变化，因此维持内部环境平衡对于许多动物来说是相当重要的，它使这些动物能够相对地独立于环境，扩大对生态因子的耐受范围，从而开发更多的潜在栖息地。例如，哺乳动物具有许多种温度调节机制以维持体温的平衡，当环境温度在－20～40℃范围内变化时，它们的体温仍可维持在正常值37℃左右，偏离不超过5℃。哺乳动物作为恒温动物因此能够在很大的温度范围内保持活跃状态。对于变温动物，如蜥蜴类则只能够在25～35℃范围内保持活跃状态，因为蜥蜴类只有几种原始的生理调节方式与行为调节方式，如晒太阳可以间接地改变体温。与恒温动物（鸟类、哺乳类）相比，变温动物（两栖类、爬行类）的温度的耐受范围较窄，因此其地理分布和活动范围以及在一年甚至一天当中的活动时间也就受到限制。

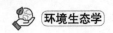

根据生物体的稳态程度，即生物体内部环境平衡与外部环境条件变化的关系，可以把生物分为稳态生物和非稳态生物。

（二）生物内稳态特性

内稳态机制，即生物控制自身的体内环境使其保持相对稳定，是进化发展过程中形成的一种更进步的机制，它能够或多或少地减少生物对外界条件的依赖性。具有内稳态机制的生物借助于内环境的稳定而相对独立于外界条件，大大提高了生物对生态因子的耐受范围。

生物的内稳态是有其生理和行为基础的。很多动物都表现出一定程度的恒温性，即能控制自身的体温。控制体温的方法在恒温动物主要是靠控制体内产热的生理过程，在变温动物则主要靠减少热量散失或利用环境热源使身体增温，这类动物主要是靠行为来调节自己的体温，而且这种方法也十分有效。除调节自身体温的机制以外，许多生物还可以借助于渗透压调节机制来调节体内的盐浓度，或调节体内的其他各种状态。

维持体内环境的稳定性是生物扩大环境耐受限度的一种主要机制，并被各种生物广泛利用。但是，内稳态机制虽然能使生物扩大耐受范围，却不能完全摆脱环境所施加的限制，因为扩大耐受范围不可能是无限的。事实上，具有内稳态机制的生物只能增加自己的生态耐受幅度，使自身变为一个广生态幅物种或广适性物种。有人根据生物体内状态对外界环境变化的反应，将生物分为内稳态生物与非内稳态生物，它们之间的基本区别是控制其耐性限度的机制不同。非内稳态生物的耐性限度仅取决于体内酶系统在什么生态因子范围内起作用，而对内稳态生物而言，其耐性限度除取决于体内酶系统的性质外，还有赖于内稳态机制发挥作用的大小。

生物为保持内稳态发展了很多复杂的形态和生理适应，但是最简单、最普遍的方法是借助于行为的适应，如借助于行为，回避不利的环境条件。

在外界条件的一定范围内，动物和植物都能利用各种行为机制使体内环境保持恒定。虽然高等植物一般不能移动位置，但许多植物的叶子和花瓣有昼夜的运动和变化。例如，豆叶的昼挺夜垂的变化或睡眠运动、向日葵花序随太阳的方向而徐徐转动等。动物也常利用各种行为使自己保持稳定的体温。在清晨温度比较低时，沙漠蜥常使身体的侧面迎向太阳，并把身体紧贴在温暖的岩石上，这样就能尽快地使体温上升到最适于活动的水平。随着白天温度逐渐升高，沙漠蜥会改变身体的姿势，抬起头对着太阳使身体迎热面最小，同时趾尖着地把身体抬高使空气能在身体周围流动散热。有些种类则尽可能减少与地面的接触，除把身体抬高外，两对足则轮流支撑身体。这种姿势可使蜥蜴在一个有限的环境温度范围内保持体温的相对恒定。

除了靠身体的姿势外，动物还常常在比较冷和热的两个地点（都不是最适温度）之间往返移动，当体温过高时则移向比较冷的地点，当体温过低时则移向比较热的地点。又如，动物可在每天不同的时间占有不同的地理小区，而这些地理小区在被占有时总是对动物最适宜的。生活在特立尼达雨林中的两种按蚊就有这样的行为机制。这两种按蚊都有一种特定的最为有利的空气湿度，因此它们便在每天不同的时间集中在雨林内的不同高度。比较两种按蚊的行为发现，后一种按蚊对湿度的垂直梯度利用范围较窄，它们通常不会离开地面太远，而是把自己的活动局限在每天湿度较大的时候。同样，沙漠蜥也总是在一天的一定时间内才在土壤岩石表面觅食，此时的地面温度处于43～50℃。以上谈到的几种行为机制（即身体姿势、往返移动和追寻适宜栖地）可以在很大程度上将身体内环境控制在一个适宜的水平上，并且可以大大增加生物的活动时间。

生物借助于其他的行为机制为自身创造一个适于生存和活动的小环境，是使自身适应更大环境变化的又一种方式。鼠兔靠躲进洞穴内生活可以抵御－10℃以下的严寒天气，因为仅在地下10cm深处，温度的变动范围就不会超过1～4℃。各种白蚁巢所创造的小环境大大减少了白蚁生活对外界环境条件的依赖性。例如，当外界温度为22～25℃时，大白蚁巢内却可维持（30.0±0.1）℃的恒温和98%的相对湿度。实际上，白蚁巢结构本身就具有调节温、湿度的作用。白蚁巢的外壁可厚达半米，几乎可使巢内环境与外界条件相隔绝，而白蚁的新陈代谢和巢内的菌圃都能够产生热量，这就为白蚁群体提供了可靠的内热来源。巢内的恒温则靠控制气流来调节，因为在巢的外壁中有许多温度较低的叶片状构造，其间形成了很多可供气体流动的通风管道，空气可自上而下地流入地下各室，从而使整个蚁巢都能通风。蚁巢内的湿度是靠专职的运水白蚁来调节的，这些运水白蚁有时可从地下50m或更深的地方把水带到蚁巢中来。

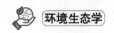

澳大利亚眼斑冢雉也有类似的行为机制保持鸟巢的恒温。这种奇特的鸟不是靠体热孵卵，而是依靠太阳的辐射热和植物腐败所产生的热孵卵。生殖期开始前，雄雉收集大量的湿草并把它们埋藏在大约3米深的巢穴内，不断地翻挖、通风，促其腐败产热，直到使巢穴温度达到适宜时为止。然后雌雉开始产卵，此后巢穴的温度将保持在34.5℃左右，上下波动不会超过1.0℃。随着夏天的到来，太阳辐射会成为白天巢穴的主要热源，只有在夜间才需要植物腐败所产生的热量。为此，早晨雄雉在巢堆上挖掘许多通风管道，让植物腐败所产生的热量由此散出，到了晚上散热口又会被堵死。随着时间的推移，腐败过程会逐渐变缓，冢雉不得不全部依靠太阳辐射的热来维持巢穴的温度。但此时白天太阳的热量太多，夜晚植物腐败所产生的热量又太少。于是，雄雉开始在巢堆上铺上一层起隔热作用的沙子，白天可减少太阳的热力，晚上则可减少热量的散失。冢雉的孵卵时间需持续好几周，直到入秋。入秋后，不仅植物的分解热会耗尽，而且太阳的热也会逐渐减弱。为了使鸟卵能在白天最大限度地吸收热量，雄雉此时会把覆盖在卵上的沙层减薄到只有几厘米厚，以便卵能接受全部热量。为了准备度过寒冷的夜晚，雄雉会把白天从巢堆上扒下的沙子薄薄地铺在地面上，待它们充分吸收太阳热量后，晚上又把这些晒热的沙子全部收集起来盖在巢穴上，以便维持夜间巢穴的温度。这种十分吃力和复杂的行为却能在整个孵化期成功地把巢穴的温度保持在34.5℃左右。

在稳态的获得和保持过程中，负反馈是共同的，也是基本机制。所谓反馈，是指系统当中的某一成分变化引起其他成分发生一系列的变化，而后者的变化最终又回过来影响首先变化的成分。各种类型的系统都有反馈现象。如果反馈的作用能抑制或减少最早发生变化的成分的改变，那么，这种反馈就称为负反馈；反之，如果反馈的作用能加剧或增加最早发生变化的成分的改变，则称为正反馈。

负反馈能抑制变化，因此能维持系统的稳态；相反，正反馈加剧变化，则使系统更加偏离稳态。例如，由于临近地区草食动物的迁入，某一草地上的草食动物种群数量将增大，系统当中"草食动物"这一成分发生变化；如果动物的数量大量增加，草地载畜量过大，那么系统的另一个成分，即"草地"成分也会发生变化，即草地食物的供给量减少，草地食物供给量减少的最终效应是限制该地方的草食动物数量，因此减少“草食动物”成分的增加率，产生负反馈作用。

和负反馈相比，自然系统较少发生正反馈现象，但也有个别实例，例如，湖泊受污染时，污染物会毒死一些鱼类，导致“鱼类种群”这一系统成分减少。鱼类尸体的腐败将会加剧污染并且引发更多鱼类死亡。因此，鱼类死亡率将被增大，属于正反馈作用。自然系统发生正反馈现象一般是短暂的，具有很大的破坏作用。在长时间范围内，负反馈和自我调节占更大的优势。

四、生物对环境的适应

（一）适应的概念与类型

适应具有许多含义，但主要是指生物对其环境压力的调整过程。生物在与环境的长期相互作用中，形成一些具有生存意义的特征，生物依靠这些特征能免受各种环境因素的不利影响，同时还能有效地从其生境中获取所需的物质、能量，以确保个体发育的正常进行，自然界的这种现象称为生态适应。

适应是指生物对其环境压力的调整过程。生物为了能够在某一环境更好地生存繁衍，不断地从形态、生理、发育或行为各个方面进行调整，以适应特定环境中的生态因子及其变化。生物对环境的生态适应可概括为：①进化适应，生物通过漫长的过程，调整其遗传组成以适合于改变的环境条件；②生理适应，生物个体通过生理过程，调整以适应于气候条件、食物质量等环境条件的改变；③学习适应，生物通过学习、行为以适应于多种多样的环境改变。

适应可以使生物对生态因子的耐受范围发生改变。自然环境的多种生态因子是相互联系、相互影响的，因此，对一组特定环境条件的适应也必定表现出彼此之间的相互关联性，这一整套协同的适应特性就称为适应组合。

应当强调的是，无论生物通过哪一种适应方式来调整、扩大它们对生态因子的耐受范围，或生存在更多的复杂环境当中，都不能逃脱生态因子的限制。耐受极限只能改变而不能去除，因此，生物的生理状态和分布会由于它们对特定生态因子耐受范围的有限性而受到限制。生物对特定生态因子的耐受范围由该生物的遗传结构所决定，就是生物的物种特性。

桦尺蛾的工业黑化就是基因型适应的实例。刚开始的时候，桦尺蛾是浅色的，并且能够隐蔽在有地衣覆盖的浅色树干环境当中。但是随着当地的工业化，树干被工厂排出的烟雾逐渐熏成黑色。与这种黑色背景相对应，浅色的桦尺蛾非常醒目。逐渐地，该地区桦尺蛾种群当中的黑色变异个体变为占优势，因为黑色个体在黑色树干环境下能够得到更好的隐蔽，逃避捕食而得以生存。经过如此的一个进化过程，这种昆虫适应了其栖息地的改变。

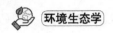

骆驼是对沙漠环境进行适应组合的最好例子。和其他沙漠动物一样，骆驼能够高度浓缩尿液、干燥粪便以减少水分丧失，还能够在清晨取食含有露水的植物嫩叶或取食多汁植物以获得更多的水分。骆驼耐受沙漠条件的能力表现在能够耐受脱水和外界较大的昼夜温差。

骆驼在夏季的沙漠中能够耐受使体重减少25%～30%的脱水。其他哺乳动物，如狗和大鼠，在温和条件，当脱水程度达到体重减轻12%～14%时就会死亡。动物体内的血浆容积一旦下降会使心血管系统发生严重阻碍，从而使体液向体表传导热量的速率减缓，因此，在高温条件下会引起生命危险。而骆驼脱水时，其血浆容积的减少量比其他动物小。

骆驼能够耐受外界较大的昼夜温差，起着储热库的作用，可以限制蒸发失水。在缺水条件下，骆驼白天最高体温可达到40℃，夜晚体温可降至34℃，存在着6℃的昼夜温差。骆驼耐受较大的昼夜温差可以减少失水。因为白天的环境温度较高，如果骆驼要保持体温恒定，一定要靠蒸发水分才能把热量散发掉。骆驼白天让体温增高，储存热量，意味着减少了蒸发失水。例如，500kg的骆驼比热容为3.35J/（g·℃），体温升高6℃，就意味着可以储存大约10 000kJ的热量。若要蒸发和散发这些热量，需要消耗多于4L的水。夜晚环境温度较低，骆驼可以通过传导和辐射散发体热，以代替蒸发。让体温在白天上升的附带利益是降低了热量从环境向骆驼传导的梯度。

（二）生态型与生活型

1.生态型

生态型是生物适应外界环境的一种重要类型。同种生物的不同个体，由于长期生活在不同的自然生态条件或人为培育条件下，会发生趋异适应。经过自然选择或人工选择分化形成的形态、生理、生态特性不同的可以遗传的类群，称为生态型。生态型是同一种生物对不同环境条件趋异适应的结果。

同一种内的不同生态型，有的在形态上表现出差异，有的只在生理或生化上有差异，形态上并没有差异。这种差异的形成主要是生态因子对种内许多基因型选择和控制的结果。根据形成生态型的主导因子的不同，植物的生态型可分为气候生态型、土壤生态型和生物生态型。

（1）气候生态型。主要是由于长期受气候因素（如光周期、气温和降水等）影响所形成的生态型。例如，水稻的早、中、晚稻属于不同的光照生态型。

（2）土壤生态型。在不同土壤水分、温度和土壤肥力等自然和栽培条件影响下形成的生态型。例如，水稻和陆稻主要是由于土壤水分条件不同而分化形成的土壤生态型；作物的耐肥品种或耐瘠品种，是与一定的土壤肥力相适应的土壤生态型。

（3）生物生态型。同种生物的不同个体群，长期生活在不同的生物条件下分化形成的生态型。例如，对病虫害具有不同抗性的作物品种，可看作不同的生态型。

对动物而言，由于生活在不同的环境下，同样存在生态型的分化。例如，我国猪的品种，按照地理及生态条件大致分为华北、华中、江淮、华南、西南和高原6个生态型。自北向南，猪的品种在形态和生态特性方面的变化趋势是：体型由大而小；鬃毛由密而疏，绒毛由多而稀或无；背腰由平直逐渐凹陷；脂肪比重逐渐增加；繁殖力以江淮型、华中型较强；毛色由黑变花；地理上西南的猪种大多耐粗词，抗性强，生产力不高，特别是高原型的藏猪。

内温动物身体突出的部分，如四肢、尾巴、外耳等在气候寒冷的地方有变短的趋向。分布于不同地区的狐狸是一个很好的例子。沙漠地区的狐狸耳朵最大，温带地区的狐狸耳朵大小适中，北极狐的耳朵最小。

2.生活型

不同种生物，由于长期生存在相同的自然生态或人为培育环境条件下，发生趋同适应，并经自然选择或人工选择后形成的，具有类似形态、生理和生态特征的物种类群，称为生活型。

植物的生活型主要从形态外貌上进行划分。在不同的气候生态区域，生活型的类别组成是不同的。例如，在热带潮湿地区，以高位芽植物为主，乔木和灌木占大多数，附生植物也较多；在干燥炎热的沙漠地区和草原地区，以一年生植物占的比重最大；在温带和北极地区，则以地面芽植物占的比重最大。

不同种类的动物长期生活在相同的生态条件下也产生趋同适应。如爬行类中的鳖、哺乳类中的海豚，其亲缘关系相隔甚远，但由于共同生活在海洋环境中，形成了适于游泳的体形、划水用的鳍或附肢等。

（三）动物的迁飞与滞育

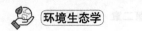

迁飞与滞育是动物重要的生活史对策，是动物在空间上和时间上对外界环境变化的适应。

1.迁飞与扩散

在生态学上，扩散是指个体或种群进入或离开种群和种群栖息地的空间位置变动或运动状况。扩散有3种类型：分离出去而不复归来的单方向移动，称为迁出；进入的单方向移动，称为迁入；有周期性的离开和返回，称为迁移或迁飞。由此可知，生态学上的迁飞只是扩散的一种类型。

但一般来说，像小型动物（如昆虫）扩散是指其个体发育过程中日常或偶然的、小量范围内的分散或集中活动，而迁飞是指一种成群地、通常有规律地从一个发生地长距离地飞到另一发生地，如黏虫从南方向北方或北方向南方的大范围的迁飞等。

迁飞是动物生活史的一个重要特征，是在多变环境里对空间在行为上、生理上的适应。迁飞把动物带进一个新生境，而滞育使它留在原处。

2.休眠与滞育

动物在不良的气候或食物条件下，常表现生长发育停止，新陈代谢速率显著下降，体内营养物质积累急剧增加，体内含水量特别是游离水显著减少，并常潜伏在一定保护环境下，以适应不利环境条件的一种现象，称为动物的“越冬”（如昆虫在冬季休眠）或“越夏”（如昆虫在夏季休眠）。

第五节　生态因子的作用及生物的适应

一、光的生态作用与生物的适应

光是地球上所有生物得以生存和繁衍的最基本的能量源泉，地球上生物生活所必需的全部能量都直接或间接地源于太阳光。生态系统内部的平衡状态是建立在能量基础上的，绿色植物的光合系统是太阳能以化学能的形式进入生态系统的唯一通路，也是食物链的起点。光本身又是一个十分复杂的环境因子，太阳辐射的强度、质量及其周期性变化对生物的生长发育和地理分布都产生着深远的影响，而生物本身对这些变化的光因子也有着极其多样的反应。光是一个十分复杂而重要的生态因子，包括光强、光质和光照长度。光因子的变化对生物有着深刻的影响。

（一）光强的生态作用与生物的适应

1.光强与植物

光对植物的形态建成和生殖器官的发育有重要影响。植物的光合器官叶绿体中的叶绿素必须在一定光强条件下才能形成，许多其他器官的形成也有赖于一定的光强。在黑暗条件下，植物就会出现“黄化现象”。在植物完成光周期诱导和花芽开始分化的基础上，光照时间越长，强度越大，形成的有机物越多，越有利于花的发育。光强还有利于果实的成熟，对果实的品质也有良好作用。

不同植物对光强的反应是不一样的，根据植物对光强适应的生态类型可将其分为阳性植物、阴性植物和中性植物（耐阴植物）。在一定范围内，光合作用效率与光强成正比，达到一定强度后实现饱和，再增加光强，光合效率不再提高，这时的光强称为光饱和点。当光合作用合成的有机物量刚好与呼吸作用的消耗量相等时的光强称为光补偿点。阳性植物对光要求比较迫切，只有在足够光照条件下才能正常生长，其光饱和点、光补偿点都较高。阴性植物对光的需求远较阳性植物低，光饱和点和光补偿点都较低。中性植物对光照具有较广的适应能力，对光的需要介于上述两者之间，但最适在完全的光照下生长。

2.光强与动物

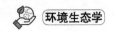

光照强度与很多动物的行为有着密切的关系。有些动物适应于在白天的强光下活动，如灵长类、有蹄类和蝴蝶等，称为昼行性动物；有些动物则适应于在夜晚、早晨或黄昏的弱光下活动，如蝙蝠、家鼠和蛾类等，称为夜行性动物或晨昏性动物；还有一些动物既能适应于弱光，也能适应于强光，白天黑夜都能活动，如田鼠等。昼行性动物（夜行性动物）只有当光照强度上升到一定水平（下降到一定水平）时，才开始一天的活动，因此这些动物将随着每天日出日落时间的季节性变化而改变其开始活动的时间。

（二）光质的生态作用与生物的适应

1.光质与植物

植物的光合作用不能利用光谱中所有波长的光，只是可见光区（400～760nm），这部分辐射通常称为生理有效辐射，占总辐射的40%～50%。可见光中红、橙光是被叶绿素吸收最多的成分，其次是蓝、紫光，绿光很少被吸收，因此又称绿光为生理无效光。此外，长波光（红光）有促进延长生长的作用，短波光（蓝紫光、紫外线）有利于花青素的形成，并抑制茎的伸长。

2.光质与动物

大多数脊椎动物的可见光波范围与人接近，但昆虫则偏于短波光，在250～700nm，它们看不见红外光，却看得见紫外光。而且许多昆虫对紫外光有趋光性，这种趋光现象已被用来诱杀农业害虫。

（三）光照长度与生物的光周期现象

地球的公转与自转，带来了地球上日照长短的周期性变化，长期生活在这种昼夜变化环境中的动植物，借助于自然选择和进化形成了各类生物所特有的对日照长度变化的反应方式，这就是生物的光周期现象。

1.植物的光周期现象

根据对日照长度的反应类型，可把植物分为长日照植物、短日照植物、中日照植物和中间型植物。长日照植物是指在日照时间长于一定数值（一般14小时以上）才能开花的植物，如冬小麦、大麦、油菜和甜菜等，而且光照时间越长，开花越早。短日照植物则是日照时间短于一定数值（一般14小时以上的黑暗）才能开花的植物，如水稻、棉花、大豆和烟草等。中日照植物的开花要求昼夜长短接近相等（12小时左右），如甘蔗等。在任何日照条件下都能开花的植物是中间型植物，如番茄、黄瓜和辣椒等。

光周期对植物的地理分布有较大影响。短日照植物大多数原产地是日照时间短的热带、亚热带；长日照植物大多数原产于温带和寒带，在生长发育旺盛的夏季，一昼夜中光照时间长。如果把长日照植物栽培在热带，由于光照不足，就不会开花。同样，短日照植物栽培在温带和寒带也会因光照时间过长而不开花。这对植物的引种、育种工作有极为重要的意义。

2.动物的光周期现象

许多动物的行为对日照长短也表现出周期性。鸟、兽、鱼、昆虫等的繁殖，以及鸟、鱼的迁移活动，都受光照长短的影响。

二、温度的生态作用与生物的适应

主导因子作用于任何生物都是在一定温度范围内活动的，温度是对生物影响最为明显的环境因素之一。

（一）温度对生物生长的影响

生物正常的生命活动是在相对狭窄的温度范围内进行的，一般在零下几度到50℃之间。温度对生物的作用可分为最低温度、最适温度和最高温度，即生物的三基点温度。当环境温度在最低和最适温度之间时，生物体内的生理生化反应会随着温度的升高而加快，代谢活动加强，从而加快生长发育速率；当温度高于最适温度后，参与生理生化反应的酶系统受到影响，代谢活动受阻，势必影响到生物正常的生长发育；当环境温度低于最低温度或高于最高温度时，生物将受到严重危害，甚至死亡。不同生物的三基点温度是不一样的，即使是同一生物，在不同的发育阶段所能忍受的温度范围也有很大差异。

（二）温度对生物发育的影响与有效积温法则

温度与生物发育的关系一方面体现在某些植物需要经过一个低温“春化”阶段，才能开花结果，完成生命周期；另一方面反映在有效积温法则上。有效积温法则的主要含义是植物在生长发育过程中，必须从环境中摄取一定的热量才能完成某一阶段的发育，而且植物各个发育阶段所需要的总热量是一个常数。用公式表示为：

$$K=N\ (T-T_0)$$

式中：K为有效积温（常数）；N为发育历期，即生长发育所需时间；T为发育期间的平均温度；T_0为生物发育起点温度（生物零度）。发育时间N的倒数为发育速率。

有效积温法则不仅适用于植物，还可应用到昆虫和其他一些变温动物。在生产实践中，有效积温可作为农业规划、引种、作物布局和预测农时的重要依据，可以用来预测一个地区某种害虫可能发生的时期和世代数以及害虫的分布区和为害猖獗区等。

（三）极端温度对生物的影响

1.低温对生物的影响

温度低于一定数值时，生物便会受害，这个数值称为临界温度。在临界温度以下，温度越低，生物受害越重。低温对生物的伤害可分为寒害和冻害两种。

寒害是指温度在0℃以上对喜温生物造成的伤害。植物寒害的主要原因有蛋白质合成受阻、碳水化合物减少和代谢紊乱等。冻害是指0℃以下的低温使生物体内（细胞内和细胞间）形成冰晶而造成的损害。植物在温度降至冰点以下时，会在细胞间隙形成冰晶，原生质因此失水破损。极端低温对动物的致死作用主要是体液的冰冻和结晶，使原生质受到机械损伤、蛋白质脱水变性。昆虫等少数动物的体液能忍受0℃以下的低温仍不结冰，这种现象称为过冷却。过冷却是动物避免低温的一种适应方式。

2.高温对生物的影响

温度超过生物适宜温区的上限后就会对生物产生有害影响，温度越高，对生物的伤害作用越大。高温可减弱光合作用、增强呼吸作用，使植物的这两个重要过程失调；高温还会破坏植物的水分平衡，促使蛋白质凝固、脂类溶解，导致有害代谢产物在体内的积累。高温对动物的有害影响主要是破坏酶的活性，使蛋白质凝固变性，造成缺氧、排泄功能失调和神经系统麻痹等。

（四）生物对温度的适应

生物对温度的适应是多方面的，包括分布地区、物候的形成、休眠及形态行为等。极端温度是限制生物分布的最重要条件。高温限制生物分布的原因主要是破坏生物体内的代谢过程和光合呼吸平衡，其次是植物因得不到必要的低温刺激而不能完成发育阶段。低温对生物分布的限制作用更为明显。对植物和变温动物来说，决定其水平分布北界和垂直分布上限的主要因素就是低温。温度对恒温动物分布的直接限制较小，常常是通过其他生态因子（如食物）而间接影响其分布的。

物候是指生物长期适应于一年中温度的节律性变化，形成的与此相适应的发育节律。例如，大多数植物春天发芽，夏季开花，秋天结实，冬季休眠。休眠对适应外界严酷环境有特殊意义。植物的休眠主要是种子的休眠。动物的休眠有冬眠和夏眠（夏蛰）。

植物对低温的形态适应表现在芽及叶片常有油脂类物质保护，芽具有鳞片，器官的表面有蜡粉和密毛，树皮有较发达的木栓组织，植株矮小，常呈匍匐状、垫状或莲座状；对高温的适应表现在有些植物体具有密生的绒毛或鳞片，能过滤一部分阳光，发亮的叶片能反射大部分光线，以及叶片垂直排列，减小吸光面积等。

动物对温度的形态适应表现在同类动物生长在较寒冷地区的个体比生长在温热地区的个体要大，个体大有利于保温，个体小有利于散热。

三、水的生态作用与生物的适应

水是生物最需要的一种物质，水的存在与多寡，影响生物的生存与分布。

（一）水的生态作用

水是任何生物体都不可缺少的重要成分。各种生物的含水量有很大的不同。生物体的含水量一般为60%～80%，有些水生生物可达90%以上，而在干旱环境中生长的地衣、卷柏和有些苔藓植物仅含6%左右。

水是生命活动的基础。生物的新陈代谢是以水为介质进行的，生物体内营养物质的运输、废物的排除、激素的传递以及生命赖以存在的各种生物化学过程，都必须在水溶液中才能进行，而所有物质也都必须以溶解状态才能进出细胞。

水对稳定环境温度有重要意义。水的密度在4℃时最大，这一特性使任何水体都不会同时冻结，而且结冰过程总是从上到下进行的。水的热容量很大，吸热和放热过程缓慢，因此水体温度不像大气温度那样变化剧烈。

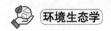

（二）干旱与水涝对生物的影响

1.干旱的影响

干旱对植物的影响主要表现为降低各种生理过程。干旱时植物的气孔关闭，减弱蒸腾降温作用，抑制光合作用，增强呼吸作用，三磷酸腺苷酶活性增加破坏了腺三磷的转化循环，引起植物体内各部分水分的重新分配。不同器官和不同组织间的水分，按各部位的水势大小重新分配。水势高的向水势低的流动，影响植物产品的质量。果树在干旱情况下，果实小，淀粉量和果胶质减少，木质素和半纤维素增加。植物受干旱危害的原因有能量代谢的破坏、蛋白质代谢的改变以及合成酶活性降低和分解酶活性加强等。

2.水涝的影响

涝害首先表现为对植物根系的不良影响。土壤水分过多或积水时，由于土壤孔隙充满水分，通气状况恶化，植物根系处于缺氧环境，抑制了有氧呼吸，阻止了水分和矿物质的吸收，植物生长很快停止，叶片自下而上开始萎蔫、枯黄脱落，根系逐渐变黑、腐烂，整个植株不久就枯死。植物地上部分受淹，则使光合作用受阻，有氧呼吸减弱，无氧呼吸增强，体内能量代谢显著恶化，各种生命活动陷于紊乱，各种器官和组织变得软弱，很快变黏变黑、腐烂脱落。水涝对动物的影响，除直接的伤害死亡外，还常常导致流行病的蔓延，造成动物大量死亡。

（三）生物对水分的适应

1.植物对水分的适应

根据栖息地，通常把植物划分为水生植物和陆生植物。水生植物生长在水中，长期适应缺氧环境，根、茎、叶形成连贯的通气组织，以保证植物体各部分对氧气的需要。水生植物的水下叶片很薄，且多分裂成带状、线状，以增加吸收阳光、无机盐和CO_2的面积。水生植物又可分成挺水植物、浮水植物和沉水植物。

生长在陆地上的植物统称陆生植物，可分为湿生、中生和旱生植物。湿生植物多生长在水边，抗旱能力差。中生植物适应范围较广，大多数植物属中生植物。旱生植物生长在干旱环境中，能忍受较长时间的干旱，其对干旱环境的适应表现在根系发达、叶面积很小、有发达的储水组织以及高渗透压的原生质等。

2.动物对水分的适应

动物按栖息地也可以分水生和陆生两类。水生动物主要通过调节体内的渗透压来维持与环境的水分平衡。陆生动物则在形态结构、行为和生理上来适应不同环境水分条件。动物对水因子的适应与植物的不同之处在于动物有活动能力，动物可以通过迁移等多种行为途径来主动避开不良的水分环境。

四、土壤因子的生态作用与生物的适应

土壤是陆地生态系统的基础，是具有决定性意义的生命支持系统，其组成部分有矿物质、有机质、土壤水分和土壤空气。具有肥力是土壤最为显著的特性。

（一）土壤的生态学意义

土壤是许多生物的栖息场所。土壤中的生物包括细菌、真菌、放线菌、藻类、原生动物、轮虫、线虫、软体动物、节肢动物和少数高等动物。土壤通过其物理、化学和生物化学作用强烈影响植物的生长繁育、控制群落的演替和生态系统的稳定与变化；土壤中既有空气，又有水分，正好成为生物进化过程中的过渡环境。土壤是植物生长的基质和营养库。土壤提供了植物生活的空间、水分和必需的矿质元素。土壤是污染物转化的重要场地。土壤中大量的微生物和小型动物，对污染物都具有分解能力。土壤与生物之间的相互作用产生肥力。

（二）土壤质地与结构对生物的影响

土壤是由固体、液体和气体组成的三相系统，其中固体颗粒是组成土壤的物质基础。土粒按直径大小分为粗砂（0.2～2.0mm）、细粒（0.02～0.2mm）、粉砂（0.002～0.02mm）和黏粒（0.002mm以下），又可分为砂粒（0.05～2mm）、粉粒（0.002～0.05mm）和黏粒（0.002mm以下）。这些大小不同的土粒的组合称为土壤质地。根据土壤质地可把土壤分为沙土、壤土和黏土三大类。沙土的砂粒含量在50%以上，土壤疏松、保水保肥性差、通气透水性强。壤土质地较均匀，粉粒含量高，通气透水、保水保肥性能都较好，抗旱能力强，适宜生物生长。黏土的组成颗粒以黏粒为主，质地黏重，保水保肥能力较强，通气透水性差。

土壤结构是指固体颗粒的排列方式、孔隙的数量和大小以及团聚体的大小和数量等。最重要的土壤结构是团粒结构（直径0.25～10mm），团粒结构具有

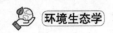

水稳定性，由其组成的土壤，能协调土壤中水分、空气和营养物之间的关系，改善土壤的理化性质。土壤质地与结构常常通过影响土壤的物理化学性质来影响生物的活动。

（三）土壤的物理化学性质对生物的影响

1.土壤温度

土壤温度对植物种子的萌发和根系的生长、呼吸及吸收能力有直接影响，还通过限制养分的转化来影响根系的生长活动。一般来说，低的土温会降低根系的代谢和呼吸强度，抑制根系的生长，减弱其吸收作用；土温过高则促使根系过早成熟，根部木质化加大，从而减小根系的吸收面积。

2.土壤水分

土壤水分与盐类组成的土壤溶液参与土壤中物质的转化，促进有机物的分解与合成。土壤的矿质营养必须溶解在水中才能被植物吸收利用。土壤水分太少引起干旱，太多又导致涝害，都对植物的生长不利。土壤水分还影响土壤内无脊椎动物的数量和分布。

3.土壤空气

土壤空气组成与大气不同，土壤空气中O_2的含量只有10%～12%，在不良条件下，可以降至10%以下，这时就可能抑制植物根系的呼吸作用。土壤中CO_2浓度则比大气高几十到上千倍，植物光合作用所需的CO_2有一半来自土壤。但是，当土壤中CO_2含量过高时（如达到10%～15%），根系的呼吸和吸收机能就会受阻，甚至会窒息死亡。

4.土壤酸碱度

土壤酸碱度与土壤微生物活动、有机质的合成与分解、营养元素的转化与释放、微量元素的有效性、土壤保持养分的能力及生物生长等有密切关系。根据植物对土壤酸碱度的适应范围和要求，可把植物分成酸性土植物（pH＜6.5）、中性土植物（pH值为6.5～7.5）和碱性土植物（pH＞7.5）。土壤酸碱度对土栖动物也有类似影响。

5.土壤有机质和矿物质元素

土壤有机质是植物的氮、碳等营养元素的来源。矿物质是植物生命活动的重要基础。土壤腐殖质与土壤动物密切相关。

五、风对生物的影响

（一）风的形成和类型

风是最普通的一种大气运动形式，它的形成主要是由于大气压力分布不均匀。由于地理维度和地表结构、植被的不同，有些地区的地面增热较多，而另一些地区的地面增热较少，这就产生了温度差异，这种温度差异引起了气压差异。当两地存在气压梯度时，气压梯度就会把两地间的空气由气压高的地区推向气压低的地区，于是空气就流动起来，风也就随之产生。两地间气压的差别愈大，空气流动就愈快，风力也就愈大。

1.海陆风

海岸上的风称海陆风。这种风每昼夜变向两次。白天，陆地增温比海面快，陆地上热空气上升，风就由海洋吹向陆地，称为海风；夜间，陆地的冷却比海洋剧烈，风由陆地吹向海洋，称为陆风。

2.季风

这种风一年有两次变向，夏季从大洋吹向陆地，冬季则从陆地吹向海洋。季风的成因是大陆和海洋在一年中增温与冷却的差异，夏季时大陆较洋面增热强烈，冬季则大陆较洋面冷却强烈，洋面、大陆之间的温度差异造成了气压分布的差异，大陆夏季为低压区，冬季为高压区；洋面则相反，夏季为高压区，冬季为低压区。因此，夏季气流从洋面流向大陆，成为海洋季风；冬季则从大陆流向洋面，成为大陆季风。冬季季风来自干燥寒冷的极地和副极地大陆气团，在该气团控制下，天气晴朗而干燥；夏季季风来自湿润温暖的热带或赤道海洋气团，在该气团控制的地方则多阴雨天气。夏季季风的强弱及来去的迟早，对一个地区的雨量多少、雨季长短影响很大。在夏季季风强盛的年份，我国华北多雨，华中、华南多旱；反之夏季季风较弱的年份，则华北主旱，华中、华南主涝。我国东南部地区有明显的季风。

3.山谷风

在天气晴朗时，山中往往有风的正常交替现象。日间，风从谷中吹出；夜间，风则从山上吹入谷中。风向变化是因为：日间，山坡使空气增热较快，空气顺着山坡上升而形成谷风；到了夜间，空气由于冷却而变得稠密，于是就顺山坡流入谷地中，形成山风。

4.焚风

焚风是一种由山上吹下来的干热风。产生焚风是由于两面山坡上出现了不同的气压。例如，在山脊这一面的谷地上有低压，另一面则有高压。在这种情况下就产生了气流，该气流从山脊吹向有低压区的谷地。在适当的时候焚风能加速谷物及果实的成熟，强烈的焚风则能使植物干枯而死亡。

5.寒露风

寒露风是指我国南部地区在寒露节令前后、晚稻扬花期间，北方冷空气南侵带来短时期的较大风力和低温、干燥或者是低温阴雨天气的偏北风。寒露风可使平均气温下降4～8℃，这种风对晚稻或其他作物是一种灾害性天气，对农作物影响很大。

6.台风

气旋不仅发生在温带，也发生在热带，发生在热带的气旋称为热带气旋。热带气旋面积小，压力梯度大，所以风速很快，能达到40m/s以上。热带气旋通常伴有极凶猛的狂风、暴雨、巨浪和风暴潮，产生在一定的热带海洋区域内，在移向大陆时很快地消失。台风是发生在赤道以北、日界线以西的亚洲太平洋地区或国家的热带气旋，是极强烈的风暴。热带气旋在沿海地区有很大的破坏作用，摧毁庄稼，拔树倒屋，引起山洪暴发，海水倒灌，是灾害性天气之一。特别是6月、7月早稻抽穗成熟期和9月、10月晚稻抽穗开花期，台风影响更大，减产严重。但台风也是当地主要降水来源之一，它对全年降水量和减轻夏秋干旱有明显的作用。

7.干燥风

在温暖季节里有一种风带来热而干燥的空气，这种空气能够在短时间内使植物受害。植物受到这种风的影响后，它蒸发所损失的水分超过其根系所吸收的水分，因而破坏了植物体内的水分平衡，这种风称为干燥风。植物受干燥风危害的表现是迅速凋萎、叶子发黄和干枯，以及由于提早干燥而使种子变得瘦瘪。

（二）风对生物的影响

风是一种气候因子，又是气候的创造者。风对区域环境的影响表现为：①风改变空气的温度和湿度；②改善区域环境中CO_2含量，使地球上分布不均匀的CO_2循环流动；③空气的流动也将带来盐分和大气污染物，从而对生物造成损害。

1.风对植物的影响

（1）风影响植物的生长，使植物矮化。风使植物矮化的原因之一是风能减小大气湿度，破坏正常的水分平衡，使成熟的细胞不能扩大到正常的大小，因而使所有器官组织都小型化、矮化和旱生化（叶小革质、多毛茸、气孔下陷等）；矮化的另一重要原因是根据力学定律，凡是一段固定的受力很均匀的物体所受扭弯力（原力）越大，则从自由一端到固定一端直径增大的趋势也越大。因此，风力越大，树木就越矮小，基部越粗，顶端尖削度也越大。在自然界，树木受风影响而矮化的规律非常明显。在接近海岸、极地高山树线或草原接壤的森林边缘，树木的高度逐渐变矮。有时风向和风速还会通过影响其他生态因子而影响植物的生长和分布。如广西防城地区和龙州地区，由于山脉相隔，风向、风速不同，植物分布就大不相同。防城常为东南风，平均风速为2～5m/s，龙州常为西南风，平均风速为1～2m/s，所以防城为合浦植物区系种类，而龙州则接近越南植物区系种类。

（2）强风能形成畸形树冠。在一个强风方向盛行的地方，植物常常都长成畸形，乔木树干向背风方向弯曲，树冠向背风面倾斜，形成所谓“旗形树”。这是因为树木向风面的芽，由于受风袭击遭到机械摧残或因过度蒸腾而死亡，而背风面的芽因受风力较小成活较多，枝条生长较好，因此，向风面不长枝条或长出的枝条受风的压力而弯向背风面。同时旗形树的枝条数量一般比正常树的枝条少得多，光合作用的总面积大大减小，这些都能严重影响树木的生产量和木材的质量。

（3）帮助植物传粉受精。凡是借助于风力进行授粉的植物，称为风媒植物。这些植物在进化过程中形成了依靠风媒传播花粉和种子的形态特征，如花色不艳丽、花数目很多、花粉小，但花粉数量很多（如每株玉米平均所产的花粉有6 000万个之多），具圆滑的外膜，无黏性，在某些裸子植物中花粉粒附有一对气囊，使花粉增大浮力。风媒花的雌蕊柱头特别发达，伸出花被之外，有羽毛状突起，增加柱头接受花粉的表面积，使花粉容易附着。有些风媒花植物如榛、柳等，先花后叶，有利于借助风力进行授粉。

（4）有些植物借助风传播种子和果实。风将植物的种子吹到一个新的地点而发芽生长的过程，称为风播。这些种子和果实或者很轻（如兰科），或者具有冠毛（如菊科、杨柳科），或者具有翅翼（如榆属）。这些冠毛或者翅翼能借助风力迁移到很远的地方。风滚型是风播的一种适应类型，在沙漠、草原地区，风滚型传播体常随风滚动，传播种子。

（5）风的破坏力。强风对植物有机械破坏作用，如折断枝干、拔根等，其破坏程度主要取决于风速、风的阵发性、环境的其他特点和植物种的特性。

（6）风的间接作用。植物在生活中和分布上的许多现象都间接地与风相关。例如，风影响植物的水分平衡，在很大程度上调节叶面的蒸腾。小尺度内空气的流动带动热量、水汽、O_2、CO_2等的输送，使这些因子重新组合、分布，改变环境的小气候条件，间接影响生物的生长发育。

2.风对动物的影响

作为生态因子，风对动物也有多方面的作用。但是在一般情况下，风对动物的生长发育和繁殖没有直接的作用，只是通过加速体内水分蒸发和热量散失间接影响动物的水分代谢和热量代谢。

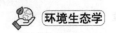

风对动物的形态建成有一定的影响。由于风加速了水分的蒸发和从体表散热的速率，因此，栖居在开阔而多风地区的鸟兽常有较致密的外皮保护，它们的羽毛或毛较短，紧贴体表，能抵挡风的侵入，如荒漠中的沙鸡、苔原中的雷鸟等；相反，栖居在森林中的鸟类的羽毛却是疏松的，如榛鸡、莺等。

风对动物的直接作用主要是影响其行为活动，如取食、迁移、分布等。昆虫在风大而低温的天气，往往停止取食活动；风带来的气味则是许多哺乳动物寻找食物和回避敌害时定位的重要因素；风还可促进飞翔动物的迁移；风也会影响动物的地理分布。在高山风大的地方，只能存在不飞翔或飞翔能力特别强的动物种类；在多风的海岛上存在着大量的无翅昆虫。许多昆虫专门选择晴朗而无风的天气，在空中交尾。外出活动的蚊虫的数量随风速的增加而显著减少。用诱虫灯诱捕昆虫的结果表明，无风的夜间比有风的夜间捕获量大，风级越大，捕获量越少。

对于许多小型动物来说，风也是重要的传播工具。许多淡水水池在干涸时，多种无脊椎动物就进入休眠状态，一阵大风吹来，它们就随着池中的沉积物被风带到别的地方去。正是由于这种原因，许多淡水无脊椎动物的分布范围非常广，有的甚至遍布于全世界。个体较大的水生动物，甚至脊椎动物，有时也会被强风带走。强大的旋风甚至能把大型的河蚌、蛙、鱼等卷入空中，把它们带到几万米以外的地方去。在陆生动物中，小型的有翅昆虫及其幼虫常被风带走。多种蜘蛛可以借助蛛丝，利用风力进行迁移，有时候，强风可以把它们带到很远的地方去。夏威夷群岛与美洲大陆相隔3 700km，许多学者认为这里的蜘蛛区系就是由这样的“飞行种类”组成的。某些地方的恒风常可成为害虫向一定地区传播的媒介。

由于风对动物的生活经常表现为不利的生态因子，许多动物的行为、活动都和回避风的作用有关。

（三）生物对风的适应

植物适应强风的形态结构，常和适应干旱的形态结构相似。这是因为在强风影响下，植物蒸腾加快，导致水分亏缺。因此，常形成树皮厚、叶小而坚硬等减少水分蒸腾的旱生结构。此外，在强风区生长的树木，一般都有强大的根系，特别是在背风处能形成强大的根系，支架般地起着支撑作用，增强植物的抗风力。

第三章　种群生态学

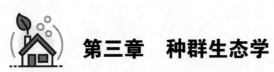

第一节　种群的概念和基本特征

一、种群的概念

种群是指在同一时间内，分布在同一区域的同种生物个体的集合。该定义表示种群是由同种个体组成的，占有一定的领域，但它不是个体的简单相加，而是同种个体通过种内关系组成的一个统一体或系统。种群内部的个体可以自由交配、繁衍后代，从而与其他地区的种群在形态和生态特征上存在一定的差异。一般认为，种群是物种存在的基本单位，或者说物种是以种群形式出现而不是以个体的形式出现。种群是生态系统中组成生物群落的基本单位，任何一个种群在自然界都不能孤立存在，而是与其他物种的种群一起形成群落，共同履行生态系统的能量转换、物质循环和保持稳态机制的功能。

种群的概念可以是抽象的，也可以是具体的。生态学所应用的种群概念就是抽象意义上的。当具体应用时，种群在时间和空间上的界限是随研究工作者的方便而划分的。例如，大到全世界的蓝鲸可视为一个种群，小至某山坡上的一片马尾松可作为一个种群，实验室饲养的一群小白鼠也可称为一个实验种群。

组成种群的生物包括单体生物和构件生物。单体生物是指生物胚胎发育成熟后，其有机体各器官数量不再增加，各个体保持基本一致的形态结构，个体很清楚，如大多数动物属于单体生物。构件生物是指由一个合子发育而成，在其生长发育的各个阶段，其初生及次生组织的活动并未停止，基本构件单位反复形成。如一株树有许多树枝，树枝可视为构件；一株稻形成许多分蘖，分蘖也是其构件。由此可见，各生物个体的构件数很不相同，且构件还可以产生新构件。高等植物属于构件生物，营固着生活的珊瑚、苔藓等也属于构件生物。

种群生态学是研究种群的数量、分布以及种群与其栖息环境中的非生物因素和其他生物因素的相互关系的科学。种群生态学的核心内容是种群的动态，即种群数量在时间和空间上的变动规律及变动原因（调节机制），因此，种群生态学的理论和实践，对合理地利用和保护生物资源、有效地控制病害虫以及人口问题都有重要指导意义。

二、种群的基本特征

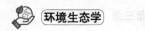

种群由一定数量的同种个体组成，从而形成了生命组织层次的一个新水平，在整体上呈现出一种有组织、有结构的特性。种群的这种基本特征表现在种群的数量、空间分布和遗传两方面。

1.数量特征

这是所有种群的最基本特征。种群数量大小受很多参数（如出生率、死亡率、年龄结构、性比等）的影响。了解种群的数量特征有助于理解种群的结构，分析种群动态。

2.空间特征

种群均占据一定的空间，具有一定的分布区域（地理分布），同时组成种群的个体在其生活空间上也都具有一定的分布型，称为种群的内分布格局。

3.遗传特征

种群由彼此可进行杂交的同种个体所组成，而每个个体都携带一定的基因组合，因此种群是一个基因库，有一定的遗传特征，以区别于其他物种。

第二节 种群的动态

一、种群的密度和分布

（一）种群密度

种群具有一定的大小，并随时间发生变化。研究种群的变化规律，往往要对种群数量进行统计。在一定时间内，单位面积或单位空间内的个体数目称为种群密度。例如，$1hm^2$荒地上有10只山羊或1mL海水中有1×10^5个硅藻。此外，还可以用生物量来表示种群密度，即单位面积或单位空间内所有个体的鲜物质或干物质的质量，如$1hm^2$林地上有栎树350t。种群密度可分为绝对密度和相对密度。前者指单位面积或空间上的实际个体数目，后者是表示个体数量多少的相对指标。例如，每公顷10只田鼠是绝对密度，而每置100铗，日捕获10只或每公顷10个鼠洞只是相对密度，它可以比较哪一个地方的生物多，哪一个地方的生物少，但不能准确测定具体数量。

除采用单位面积或空间上的个体数目来表示种群密度外，也有因生物的特征不同而采用其他表示方法。

（二）集群与阿利氏规律

集群是指同种生物的不同个体，或多或少会在一定时期内生活在一起，从而保证种群的生存和正常繁殖，它是一种重要的适应性特征。我们把同一种动物在一起生活所产生的有利作用，称为集群效应，其生态学意义表现在以下几个方面。

1.集群有利于提高捕食效率

成群的狼通过分工合作就可以很容易地捕获到有蹄类，而一只狼则难以捕获到这种大型猎物。俗语“好虎挡不住群狼”说的就是这个意思。因此，许多动物以群体进行合作捕食，捕杀到食物的成功率明显加大。

2.集群可以共同防御敌害

群体生活为每个成员提供了防御敌害的较好保护，如麝牛群、野羊群受猛兽袭击时，成年雄性个体就会形成自卫圈，角朝向圈外的捕食者，有效地抵抗捕食者的袭击，圈中的幼体和雌体也能得到保护。

3.集群有利于改变小生境

蜜蜂蜂巢的最适温度为35℃。冬天蜜蜂一起拥挤在巢内，使群体中的温度比环境温度高，当温度太低时，每个个体都进行肌肉颤抖，增加产热量，从而使温度进一步升高；当温度太高时，工蜂会运水到巢内，然后煽动双翼，帮助蒸发，在环境温度达到40℃时，此种方法可将巢内温度维持在36℃。

4.集群有利于提高学习效率

集群时，个体之间可以相互学习，由此增加学习机会和学习时间，并且可以取长补短，提高学习效率。

5.集群能够促进繁殖

集群有利于求偶、交配、产崽、育幼等一系列繁殖行为的同步发生和顺利完成，如白鹭、池鹭等鹭类繁殖时，成千上万只鹭类集中在同一地方筑巢，上下飞翔，尖叫声不断，视觉上和听觉上的刺激有利于个体的生理及行为发育。

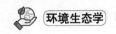

集群效应说明，在一定的密度下，群体密度的增加有利于群体的生存和增长。但是密度过高时，由于食物和空间等资源缺乏，排泄物的毒害以及心理和生理反应，则会对群体带来不利的影响，导致死亡率上升，抑制种群的增长，产生所谓的拥挤效应。大量实验表明，动物都有一个最适的种群密度，在此密度下，种群的增长最快，密度太低或太高都会对种群的增长起着限制作用，这就是阿利氏规律。阿利氏规律对于濒临灭绝的珍稀动物的保护具有指导意义。要保护这些珍稀动物，首先要保证其具有一定的密度，若数量过少或密度太低，就可能导致保护失败。阿利氏规律对指导人类社会的生存和发展也是有利的。例如，在城市化进程中，适度规模的城市对生存和发展有利，规模过大、人口过于集中、密度过高等，就可能产生有害因素。

（三）种群的空间分布格局

组成种群的个体在其生活空间中的位置状态或布局，称为种群的空间分布格局或内分布型，可大致分为3种：均匀型、随机型和成群型。

1.均匀分布

个体之间彼此保持一定的距离为均匀分布，其主要原因是种群内个体间的竞争。例如，森林内的树木竞争树冠空间或根部空间可能导致均匀分布。

2.随机分布

某一个体的分布不受其他个体分布的影响，每个个体在种群分布空间内各个位置出现的机会是相等的，为随机分布。随机分布在自然界是罕见的，只有在资源分配均匀、种群内个体间没有彼此吸引或排斥的情况下，才易产生随机分布。例如，生活在森林底层的蜘蛛、植物首次入侵某裸地时，常形成随机分布。

3.成群分布

个体分布不均匀，成群、成块地密集分布为成群分布。环境资源分布不均，植物以母株为扩散中心传播种子以及动物的社会行为都会形成成群分布。因此，成群分布是最常见的内分布型。

二、种群的统计特征

（一）出生率和死亡率

出生率是指单位时间内种群的出生个体数与种群个体总数的比值。出生率常分为最大出生率和实际出生率。最大出生率是指种群处于理想条件下，生理上能够达到的最大生殖能力，也称生理出生率。对于特定种群来说，最大出生率是一个常数。种群在特定环境条件下表现出的出生率称为实际出生率，也称生态出生率，它会随着种群的结构、密度大小和自然环境条件的变化而改变。

不同生物类群的出生率具有很大的差别，对于动物来讲，出生率的高低主要取决于动物的性成熟速度、每年的繁殖次数和每次产仔数等生物学特点。性成熟越早、每年的繁殖次数越多或每次产仔数越多，出生率也就越高。

死亡率同出生率一样也有最低死亡率和实际死亡率之分。最低死亡率是指种群在最适环境条件下所表现出的死亡率，即生物都活到了生理寿命，种群中的个体都是由于年老而死亡，也称生理死亡率。生理寿命是指处于最适条件下种群中个体的平均寿命，而不是某个特殊个体具有的最长寿命。实际死亡率也称生态死亡率，是指种群在特定环境条件下所表现出的死亡率，种群在特定环境条件下，很少能活到生理寿命，多数会因被捕食、饥饿、疾病、不良气候或意外事故等原因而死亡。生物的死亡率随着年龄而发生改变，因此，在实际工作中，人们常把实际死亡率和种群内部各特定年龄组相联系，以了解生命期望值和主要死亡原因。所谓生命期望值，是指某一年龄期的个体平均还能活多长时间的估计值，或称平均余生。

（二）迁入率和迁出率

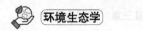

迁入和迁出是生物生命活动中一个基本现象，但直接测定种群的迁入率和迁出率是非常困难的。在种群动态研究中，往往假定迁入与迁出相等，从而忽略这两个参数，或者把研究样地置于岛屿或其他有不同程度隔离条件的地段，以便假定迁移所造成的影响很小。

（三）年龄结构和性比

任何种群都是由不同年龄的个体组成的。年龄结构是指种群中各个年龄期个体在整个种群中所占的比例，常用年龄锥体来表示。年龄锥体是用从下到上的一系列不同宽度的横柱制作而成的图，从下到上的横柱分别表示由幼年到老年的各个年龄组，横柱的宽度表示各年龄组的个体数或其所占的百分比。年龄锥体可分为以下3种基本类型。

1.增长型种群

锥体呈典型金字塔形，基部宽、顶部窄，表示种群中的幼体数量大而老年个体很少。这样的种群出生率大于死亡率，是迅速增长的种群。

2.稳定型种群

锥体呈钟形，种群中幼年、中年和老年个体数量大致相等，种群的出生率和死亡率大体平衡，种群稳定。

3.下降型种群

锥体呈壶形，基部窄、顶部宽，表示种群中幼体所占比例很小而老年个体的比例较大，种群死亡率大于出生率，种群数量处于下降状态。

有时也将年龄锥体分为左右两半，左半部分表示雄体的各年龄组，右半部分代表雌体的各年龄组，这种年龄锥体称为年龄性别锥体。性比是指种群中雄性和雌性个体数的比例。如果性比等于1，表示雌雄个体数相当；若性比大于1，表示雄性多于雌性。种群的性比会随着其个体发育阶段的变化而发生改变。例如，一些啮齿类动物出生时，性比为1，但3周后的性比则为1.4。因此，性比又常根据不同发育阶段，即配子、出生和性成熟3个时期，相应再分为初级性比、次级性比和三级性比。性比影响着种群的出生率，因此也是影响种群数量变动的因素之一。对于一雌一雄婚配的动物，种群当中的性比如果不是1，就必然有一部分成熟个体找不到配偶，从而降低种群的繁殖力。

（四）生命表

1.生命表的编制

生命表是描述种群数量减少过程的有用工具，是根据各年龄组的存活或死亡个体数据编制而成的表格，由许多行和列组成。通常是第一列表示年龄或发育阶段，从低龄到高龄自上而下排列，其他各列为记录种群死亡或存活情况的数据，并用一定的符号代表。

2.生命表的类型

依据收集数据的方法不同，生命表可分为动态生命表和静态生命表两大类。动态生命表是根据对同一时间出生的所有个体的存活或死亡数目进行动态观察的资料编制而成的生命表，也称同生群生命表。静态生命表是根据某一特定时间对种群作年龄结构调查的资料而编制的生命表，也称特定时间生命表。

动态生命表中个体经历了同样的环境条件，而静态生命表中个体出生于不同的年份，经历了不同的环境条件，因此，编制静态生命表等于假定种群所经历的环境没有变化。事实上情况并非如此，所以有的学者对静态生命表持怀疑态度。但动态生命表有时历时长，工作量大，往往难以获得生命表数据，静态生命表虽有缺陷，在运用得法的情况下，还是有价值的。因此，一般世代重叠且寿命较长的生物（如人类）宜编制静态生命表，而对于世代不重叠的、生活史比较短的生物（如某些昆虫）则宜编制动态生命表。

三、种群的增长

（一）种群增长率和内禀增长率

在自然界中，种群的实际增长率称为自然增长率，它是指在单位时间内某一种群的增长百分比。在分析种群动态时，如果设迁入等于迁出，那么，增长率就等于出生率与死亡率之差。

（二）种群增长模型

现代生态学家在研究种群动态规律时，常求助于数学模型。数学模型是指用来描述现实系统或其性质的一个抽象的简化的数学结构。在数学模型研究中，生态学工作者最感兴趣的不是特定公式的数学细节而是模型的结构，哪些因素决定种群的大小，哪些参数决定种群对自然和人为干扰反应的速率等。换句话说，生态学家将注意力集中于模型的生物学背景、建立模型的生物学假设、各参数的生物学意义等方面，以助于理解各种生物和非生物因素是如何影响种群动态的，从而达到阐明种群动态的规律及其调节机制的目的。关于种群增长的模型很多，本节仅介绍单种种群的增长模型，并从最简单的开始。

1.种群在无限环境中的指数增长

所谓无限环境，是假定环境中空间、食物等资源是无限的，种群不受任何条件限制，其潜在增长能力得到最大限度发挥，种群数量呈现指数增长格局。因资源充足，种群增长率不随种群本身的密度而变化，故也称为与密度无关的种群增长。根据种群世代是否重叠，又可分为两类。

2.种群在有限环境中的逻辑斯谛增长

自然种群不可能长期地按指数增长，因为种群总是处于有条件限制的环境当中。在有限环境中，随着种群密度的上升，种群内部对环境中有限的食物、空间和其他生活条件的竞争也将增加，这必然影响到种群的出生率和死亡率，从而降低种群的实际增长率，直到停止增长，甚至数量下降。因此，有限环境中的增长也称为与密度有关的种群增长，同样可以分为离散型增长和连续型增长两类。

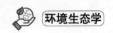

四、种群的数量变动

任何一个种群的数量都是随着时间在不断变动的。一般情况下，当一种生物进入和占领新栖息地时，首先经过一系列的生态适应，数量增长并建立起种群，以后可能比较长期地维持在一个相对稳定的水平上；也可能出现规则的或不规则的波动；也有许多种类会在短时间内出现骤然的数量猛增，称为大暴发，随后又是大崩溃；当长期处于不利条件下，有些种群数量会出现持久性下降，种群衰退，甚至灭亡。

（一）种群平衡

种群较长期地维持在几乎同一水平上，称为种群平衡。从理论上讲，种群增长到一定程度，数量达到一定值之后，种群数量会保持稳定，如大多数有蹄类和食肉类动物多数一年只产一崽，寿命长，种群数量一般是很稳定的。但实际上大多数种群数量不会长时间保持不变，稳定只是相对的，种群平衡是一种动态平衡。

（二）季节消长

季节消长指种群数量在一年内的季节性的变化规律。一般具有季节性生殖特点的种类，种群数量的最高峰通常是在一年中最后一次繁殖之末，之后繁殖停止，种群因只有死亡而数量下降，直到下一年繁殖开始，这时是数量最低的时期。

由于环境的季节变化和动物生活史的适应性改变，动物种群季节消长特点各不相同。温带湖泊的浮游植物（主要是硅藻），往往每年有春、秋两次密度高峰，其原因是：冬季的低温和光照减少，降低了水体的光合强度，营养物质随之逐渐积累，到春季水温升高、光照适宜，加之有充分的营养物质，使具有巨大增殖能力的硅藻迅速增长，形成春季的数量高峰，但不久后营养物质耗尽，水温过高，硅藻数量下降；当秋季来临时，营养物质又有积累，形成秋季的高峰。又如，在温带地区，苍蝇和蚊子一到春末就开始多起来，到夏、秋两季，其数量达到最多，冬季随着天气变冷，这些昆虫便销声匿迹了。由此可见，掌握种群的季节消长规律，是控制其危害的生态学基础。当然，这种典型的季节消长也会因气候异常和人为的污染而有所改变。

（三）规则或不规则波动

种群数量的年间变动，有的是规则的（周期性波动），有的是不规则的（非周期性波动）。根据现有长期种群动态记录，大多数生物属于不规则的，如很多的鸟类、鱼类、昆虫类等。我国生态学家马世骏根据我国历史上的气象记录资料，探讨过大约1 000年的有关东亚飞蝗的危害与气象条件的相关性，明确了东亚飞蝗在我国的大发生没有周期性现象（过去曾认为该种是有周期性的），同时还指出干旱是东亚飞蝗大发生的原因。

周期性波动经典的例子为旅鼠、北极狐的3～4年周期和美洲兔、加拿大猞猁的9～10年周期。这种周期现象主要发生在比较单纯的生境中，如北方针叶林和北极苔原地带，而且数量高峰往往在广大区域同时出现。

具不规则或非周期性波动的生物都可能出现种群大发生，最闻名的大发生见于害虫和害鼠。例如，前面提到的蝗灾，我国古籍和西方圣经都有记载，“蝗飞蔽天，人马不能行，所落沟堑尽平……食田禾一空”等。

水生植物暴发的例子也不少见。一种槐叶萍原产巴西，1952年首次在澳大利亚出现，由于它每2.5天就能加倍，迅速增殖并扩散开来，到1978年覆盖了昆士兰一个湖泊的400hm^{2}面积，总重达50 000t，对交通、灌溉和渔业造成严重的危害。这种现象也被称为生态入侵。所谓生态入侵，是由于人类有意识或无意识地把某种生物带入适宜于其栖息和繁衍的地区，种群不断扩大，分布区逐步稳定地扩展，最终排挤掉当地的物种，破坏生物的多样性和生态平衡，甚至造成巨大的经济损失。

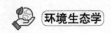

（四）种群的衰落和灭亡

当种群长久处于不利条件下，如人类过度捕猎或栖息地被破坏的情况下，其种群数量会出现持久性下降，即种群衰落，甚至灭亡。个体大、出生率低、生长慢、成熟晚的生物，最易出现这种情形。近年来，种群衰落和灭亡的速度大大加快，究其原因，不仅是由于人类过度捕杀，更严重的是破坏野生生物的栖息地，从而剥夺了物种生存的条件。另外，种群密度过低，由于难以找到配偶或近亲繁殖，也会使种群的生育力和生活力衰退，死亡率增加。例如，美洲的草原鸡在种群数量降低到50对以后，即使采取有力措施也未能使其恢复而灭绝。因此，物种种群的持续生存，不仅需要有保护良好的栖息环境，还要有足够数量的最低种群密度。

第三节　种群的调节

一、种群调节因素

我们知道，任何种群都不能无限地增长，但可以显示一定幅度的数量波动。那么到底是什么力量制止了种群的增长？是什么机制决定着种群的平衡密度？对此，生态学家提出了许多不同的观点，从而也形成了不同的学派。有的强调内因，认为种群内部发生的变化，特别是种群内个体在行为、生理和遗传上的差异是制止种群增长的主要因素，形成了自动调节学派；有的强调外因，即把种群数量的变化主要归咎于外在因素的影响，如气候、疾病和捕食等，于是形成了气候学派或生物学派。

二、种群调节理论

（一）气候学派

气候学派多以昆虫为研究对象，认为种群数量变动主要和天气条件有关。通过研究证明，昆虫的早期死亡率有80%～90%是由天气条件引起的。他们反对种群的稳定性，强调种群数量的变动性。

（二）生物学派

生物学派认为捕食、寄生和竞争等生物因素对种群调节起决定作用，该学派最著名的代表人物是澳大利亚昆虫学家A.J.Nicholson。他认为气候学派混淆了两个概念：消灭和调节。他举例说明：某一昆虫种群每世代增加100倍，而气候变化消灭了98%，那么这个种群仍然要每个世代增加1倍；但如果存在一种昆虫的寄生虫，其作用随昆虫密度的变化而消灭了另外的1%，这样种群数量才能得以保持稳定。在这种情况下，尽管气候因素消灭掉98%的个体，但仅起到一个破坏作用，种群仍将继续增长，因此，气候因素不是调节因素，而消灭种群1%的寄生者才是调节种群密度的因素。

另外，英国鸟类学家D.Lack认为，影响鸟类密度制约死亡率的因素有3个，即食物短缺、天敌捕食和疾病，其中食物不足是主要因素。这也可以认为是生物学派的又一佐证。

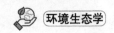

上述两个学派都是强调外源性因素对种群数量的影响。我们也可以将这些外源性因素划分为密度制约因素和非密度制约因素两大类：密度制约因素是指出生率或死亡率随种群密度的变化而变化，如食物、天敌等生物因素；非密度制约因素则是指对种群的影响不受种群密度本身的制约，如温度、降水等气候因素。实际上，非密度制约因素对种群的增长无法起调节作用，因为调节是一个内稳定反馈过程，其功能与密度有密切关系。但是，非密度制约因素可以对种群大小施加重大影响，也能影响种群的出生率和死亡率。

大多数生态学家都同意，只有通过密度制约因素和非密度制约因素的相互作用才能决定生物的数量。一个特定种群的数量波动将取决于气候变化幅度与该种群对环境变化敏感程度之间的相互作用。如果气候只能在小范围内波动，对气候变化较敏感种群的数量波动就主要靠密度制约机制来调节。一个物种对环境波动越敏感，非密度制约机制所起的作用也就越大。

（三）自动调节学派

自动调节学派强调种群的内源性因素即种内个体之间的差异对种群数量的调节起着决定性作用，按其强调的重点不同，又分为不同的支派，比较重要的有以下三种。

1.行为调节学说

行为调节学说认为动物通过社群行为可以限制其在生境中的数量，使食物供应和繁殖场所在种群内得到合理分配。当种群密度超过一定限度时，领域的占领者要产生抵抗，把多余的个体从适宜的生境中排挤出去，这部分个体由于缺乏食物以及保护条件，易受捕食、疾病、不良天气所侵害，死亡率较高，从而限制了种群增长。但这并不能说明动物有自觉认识种群密度与资源关系的能力，仅是动物对紧张的种内关系所表现出的本能反应。

2.内分泌调节学说

内分泌调节学说认为种群的自我调节主要是靠拥挤效应引起内分泌系统的改变而实现的。种群密度高时，种内个体经受的社群压力大，对中枢神经系统的刺激加强，影响脑下垂体和肾上腺的功能，使生长激素减少、生长和代谢发生障碍、生殖受到抑制，从而导致胚胎死亡率增加、出生率降低、种群数量下降。种群密度低时，社群压力降低，通过生理调节又可以恢复种群数量。

3.遗传调节学说

遗传调节学说认为种群中的遗传双型或遗传多型现象有调节种群的意义。以最简单的遗传两型现象为例，种群中有两种遗传型，一种是繁殖力低、进攻性强、适于高密度条件下的基因型A，另一种是繁殖力高、适于低密度条件的基因型B。当种群数量较低时，自然选择有利于基因型B的个体，能相互容忍，繁殖力高，种群数量增加；当种群数量上升到较高水平时，自然选择转向对适于高密度条件的基因型A的个体有利，个体之间相互进攻，死亡增加，生殖减少，于是种群数量下降。通过以上分析，我们可以得出这样一个基本原理，那就是任何改变出生率和死亡率的因素都会影响种群的平衡密度，从而对种群的数量起到调节作用。

第四节 种群关系

一、种内关系

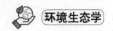

种内关系是指种群内部个体与个体之间的关系。在这方面，动物种群和植物种群的表现有很大区别。动物种群的种内关系主要表现为集群、种内竞争、领域性、社会等级等，而植物除了有集群生长的特征外，更主要的是个体间的密度效应。

（一）集群

集群现象普遍存在于自然种群之中。同一种生物的不同个体，或多或少会在一定的时期内生活在一起，从而保证种群正常的生存和繁殖，是种群的一种重要的适应性特征。根据集群后群体持续时间的长短，可以把集群分为临时性和永久性两种类型。永久性集群存在于社会动物中。所谓社会动物，是指具有分工协作等社会性特征的集群动物，主要包括一些昆虫（如蜜蜂、蚂蚁、白蚁等）和高等动物（如包括人类在内的灵长类等）。

生物产生集群的原因复杂多样。这些原因包括：①对栖息地的食物、光照、温度、水等环境因子的共同需要。如潮湿的生境使一些蜗牛在一起聚集成群。②对昼夜天气或季节气候的共同需要。如过夜、迁徙、冬眠等群体。③繁殖的结果。由于亲代对某种环境有共同的反应，将后代（卵或崽）产于同一环境，后代因此形成群体。④被动运送的结果。例如，强风、激流可以把一些蚊子、小鱼运送到某一风速或水流流速较为缓慢的地方，形成群体。⑤个体间社会吸引力相互吸引的结果。如一只离群的鸽子，当遇到一群互不相识的鸽子时，毫无疑问会很快加入其中，这种欲望正是由个体之间的相互吸引力所引起的。

动物群体的形成可能完全由环境因素所决定，也可能是由社会吸引力所引起，根据这两种不同的形成原因，动物群体可分为两大类，前者称为集会，后者称为社会。

动物界许多动物种类都是群体生活的，说明群体生活具有许多有利的生物学意义。同一种动物在一起生活所产生的有利作用称为集群效应。集群效应对种群整体是有益的，它可以提高捕食效率和防御能力，改变小生境、促进繁殖和增加彼此学习效率等。

（二）种内竞争

竞争是指生物为了利用有限的共同资源，相互之间所产生的不利或有害的影响。某一种生物的资源是指对该生物有益的任何客观实体，包括栖息地、食物、配偶，以及光、温度、水等各种生态因子。

竞争有两种作用方式：资源利用性竞争和相互干涉性竞争。在资源利用性竞争中，生物之间没有直接的行为干涉，而是双方各自消耗、利用共同的资源，由于共同资源可获得量不足而影响对方的存活、生长和生殖。在相互干涉性竞争中，竞争者相互之间直接发生作用，最明显的是通过打斗或分泌有毒物质使得竞争中一方死亡或缺乏资源而成为失败者。

同种个体之间发生的竞争称为种内竞争，它明显受密度制约。在有限的生境中，种群密度越大，对资源的竞争就越激烈，对每个个体的影响也就越严重，可能引起死亡率升高，或者一部分个体因得不到资源而被迫迁移到其他地方，从而使种群密度维持在一定的水平。由此可见，种内竞争是种群通过密度制约过程进行调节的一个主要原因。另外，种内竞争也是扩散现象、领域现象以及自疏现象的原因。

（三）领域性

领域是指由个体、家庭或其他社群单位所占据并积极保卫不让同种其他成员侵入的空间。保卫领域的方式很多，如以鸣叫、气味标志或特异的姿势向入侵者宣告其领主的领域范围，以威胁或直接进攻驱赶入侵者等。动物占有并保卫领域的这种行为就称为领域行为或领域性。领域行为是种内竞争资源的方式之一，占有者通过占有一定的空间来占有所需要的各种资源。

二、种间关系

种间关系是指不同物种之间的相互作用。种群之间的相互作用可以是直接的，也可以是间接的相互影响，这种影响可能是有害的，也可能是有利的。

1.种间竞争

种间竞争是指两种或更多种生物共同利用同一资源而产生的相互抑制作用。

2.捕食作用

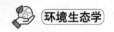

一种生物攻击、损伤或杀死另一种生物，并以其为食，称为捕食。对捕食的理解，有广义和狭义两种。狭义的捕食概念仅指动物吃动物这样一种情况，而广义的捕食概念除包括这种典型的捕食外，还包括植食、拟寄生和同种相残3种情况。植食指草食动物吃绿色植物，如羊吃草；拟寄生指寄生昆虫将卵产在其他昆虫体内，待卵孵化为幼虫后便以寄主组织为食，直到寄主死亡为止；同种相残是捕食的一种特殊形式，即捕食者和猎物均属于同一物种。

捕食者与猎物之间的关系是非常复杂的，这种关系不是一朝一夕形成的，是长期协同进化的结果。所谓协同进化，就是一个物种的性状作为对另一物种性状的反应而进化，而后一物种的性状本身又作为前一物种性状的反应而进化的现象。

捕食者为获得最大的寻食效率，必然要采用各种方法和措施。有些属于形态学上的，如发展了锐齿、利爪、尖喙、毒牙等；有些属于行为学上的，如运用诱饵、追击、集体围猎等方式，以提高捕食效率。而被捕食者也在发展各种各样的对策来防御捕食者的捕食，如利用保护色或地形、草丛和隐蔽所等，有效地隐藏自己或者发展奔跑的速度和耐力以逃避敌害等。植物虽然没有主动逃避的能力，但也没有被动物吃光，也是因为它们发展了一系列防卫的机制。例如，有些植物的叶子边缘长有又硬又尖的棘、刺，或被取食损害过的植物会变得生长延缓、纤维素含量增加，适口性降低；也有一些植物会产生有毒的化学物质，使植物变得不可食，或可食但会影响动物的发育。

在长期进化过程中，捕食者有时会成为被食者不可缺少的生存条件，精明的捕食者大多不捕食正当繁殖年龄的被食者个体，因为这会减少被食者种群的生产力，更多的是捕食那些老弱病残个体，因此，对被食者种群的稳定起着巨大作用。人类利用生物资源，从某种意义上讲，与捕食者利用被食者是相似的。但人类在生物资源的利用中，往往利用过度，致使许多生物资源遭到破坏或面临灭绝。怎样才能成为“精明的捕食者”，在这方面人类还有很大的差距。

第四章　群落生态学

第一节　生物群落的概念和基本特征

一、生物群落的概念及其研究内容

（一）生物群落的概念

生物群落是指特定时间内生存在一定地区或自然生境里的所有生物种群的集合。群落是生态学理论及应用中最重要的概念。它包括植物、动物和微生物等各个物种的种群，共同组成生态系统中有生命的部分。

群落生态学的产生，要比种群生态学还早，特别是植物群落学的研究，其历史最悠久、最广泛也最深入，群落生态学中的许多基本原理都是在植物群落学中获得的。早在1807年，近代植物地理学的创始人A.von Humboldt首先注意到自然界植物的分布不是杂乱无章的，而是遵循一定的规律集合成群落。他指出每个群落都有其特定的外貌，是群落对生境因素的综合反应。1890年，丹麦植物学家J.E.B.Warming在《植物生态学》中指出：一定的种所组成的天然群聚即群落。形成群落的种实行同样的生活方式，对环境有大致相同的要求，或一个种依赖另一个种而生存，有时甚至后者供给前者最适之需，似乎在这些种之间有一种共生现象占优势。同一时期，俄国植物学家对植物群落的研究有了较大进展，并形成一门以植物群落为研究对象的学科——地植物学。植物群落是不同植物有机体的特定结合，在这种结合下，存在植物之间以及植物与环境之间的相互影响。

最早提出生物群落概念的是德国生物学家K.Mobius，他在1877年研究海底牡蛎种群时，注意到牡蛎只出现在一定的盐度、温度、光照等条件下，而且总与一定组成的其他动物（鱼类、甲壳类、棘皮动物）生长在一起，形成比较稳定的有机整体，Mobius称这一有机整体为生物群落。之后，生物群落生态学的先驱V.E.Shelford（1911）将生物群落定义为“具有一致的种类组成且外貌一致的生物聚集体”。美国著名生态学家E.P.Odum（1957，1983）对这一定义作了补充，他认为除种类组成与外貌相似外，生物群落还具有一定的营养结构和代谢格局，它是一个结构单元，是生态系统中有生命的部分，并指出群落的概念是生态学中最重要的概念之一，因为它强调了各种不同的生物能在有规律的方式下共处，而不是任意散布在地球上。

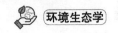

综上所述，生物群落可以理解为一个生态系统中有生命的部分，即生物群落＝植物群落＋动物群落+微生物群落。它具有一定的生物种类组成和一定的外貌与结构。

（二）生物群落的性质

长期以来对群落性质的解释存在着两种对立的观点，即“有机体论”和“个体论”。争论的焦点在于群落到底是一个有组织的系统，还是一个纯自然的个体集合。

“有机体论”学派认为，沿着环境梯度或连续环境的群落形成了一种不连续的变化，因此生物群落是间断分开的。美国的F.E.Clements、法国的J.Braun-Blanquet等支持上述观点，他们将群落比拟为一个自然有机体，其物种的组成是与群落的诞生、生活、死亡及整体进化联系在一起的。英国的生态学家A.G.Tansley则认为尽管有机体思想过于假想化，但群落在许多方面表现出整体性的特点，应当作为整体来研究。

“个体论”学派则认为，群落的存在依赖特定的生境与物种的选择性，在连续环境下的群落组成是逐渐变化的，因而不同群落类型只能是任意认定的。

现代生态学的研究表明，群落既存在着连续性的一面，也有间断性的一面。可采取生境梯度分析的方法，即排序的方法来研究群落变化，虽然不少情形表明群落并不是分离的、有明显边界的实体，而是在空间和时间上连续的一个系列。事实上，如果排序的结果构成若干点集，则可达到群落分类的目的；如果分类允许重叠，则又可反映群落的连续性。这一事实反映了群落的连续性和间断性之间并不一定要相互排斥，关键在于研究者从什么角度和尺度看待这个问题。从目前研究发展看，由于群落存在结构的松散性，同一群落类型之间或同一群落不同空间之间，群落的组成、结构及发展变化有很大的不同，“有机体论”已逐步被“个体论”所取代，持“个体论”的人认为群落是个别物种的集合，群落模式可以通过个体水平上的过程而得到解释。

（三）群落生态学的研究内容与意义

群落生态学是研究生物群落的科学，其主要研究内容包括：①群落的组成与结构；②群落的性质与功能；③群落的发育与演替；④群落内部种间关系；

⑤群落的丰富度、多样性与稳定性；⑥群落的分类与排序等。

群落与种群是两个不同的概念。种群是种的存在形式，是遗传因子交换和以相同生活方式为基础的同种个体的集合。而群落则是多种生物种群的集合体，是一个边界松散的集合单元。

群落和生态系统究竟是生态学中两个不同层次的研究对象，还是同一层次的研究对象，还存在着不同的看法。大多数学者认为应该把两者分开来讨论，但也有不少学者把它们作为同一个问题来讨论。群落和生态系统这两个概念是有明显区别的，各具独立含义。群落是指多种生物种群有机结合的整体，群落生态学的研究内容是生物群落和环境的相互关系及其规律，这恰恰也是生态系统生态学所要研究的内容。随着生态学的发展，群落生态学与生态系统生态学必将有机结合，成为一个比较完整的、统一的生态学分支。

群落生态学是现代生态学中极为重要的组成部分。群落生态学是较个体生态学和种群生态学更高一级的组织层次，是连接种群生态学和生态系统的桥梁。群落概念的重要性在于“由于群落的发展而导致生物的发展”。群落为生物提供了栖息地和食物，因而对特定生物的控制的最好办法是控制群落，而不是直接“攻击”该生物，这对于生物多样性保护、有害杂草和病虫害控制具有重要的意义。研究群落生态学的目的是了解群落的起源、发展、动态特征及群落之间的相互关系，为合理利用自然资源、推动生物群落定向发展、提高生态系统生产力、维持生态平衡提供理论依据。

二、群落的基本特征

1.群落的物种多样性

生物群落是由不同的植物、动物和微生物组成的。物种组成是区别不同群落的重要特征，群落中物种成分及个体数量的多少是度量群落多样性的基础。

2.具有一定的外貌

群落中不同生物种的生长发育规律不同，具有不同的生长高度和密度，从而决定了群落的外部形态特征。在生物群落中通常由其外貌来决定高级分类单位的特征，如森林、灌丛、草丛等。

3.具有一定的时间、空间格局

生物群落是一个结构单元，除具有一定的种类组成外，还具有时间和空间上的结构特点，如形态结构、营养结构等。空间结构最明显的就是分层现象，而时间结构则有昼夜变化和季节变化等。

4.具有特有的群落环境

生物群落对其居住环境产生重大影响，并形成群落环境，如森林中的环境与周围裸地就有很大的不同，包括光照、温度、湿度与土壤等都经过了生物群落的改造。

5.不同物种之间相互影响

群落中的物种有规律地共处，即在有序状态下共存。诚然，生物群落是生物种群的集合体，但不是说一些种的任意组合便是一个群落。一个群落必须经过生物对环境的适应和生物种群之间的相互适应、相互竞争，形成具有一定外貌、种类组成和结构的集合体。

6.具有一定的动态特征

生物群落是生态系统中具有生命的部分，生命的特征是不停地运动，群落也是如此，其运动形式包括季节动态、年际动态、演替与演化。

7.具有一定的分布范围

任何一种群落分布在特定地段或特定生境上，不同群落的生境和分布范围不同。无论从全球范围看还是从区域角度讲，不同生物群落都是遵循一定规律分布的。

8.群落的边界特征

在自然条件下，有些群落具有明显的边界，可以清楚地加以区分，有的则不具有明显边界，而处于连续变化中。前者见于环境梯度变化明显，或者环境梯度突然中断的情形，后者见于环境梯度连续缓慢变化的情形。大范围的变化如草甸草原和典型草原的过渡带、典型草原和荒漠草原的过渡带等，小范围的变化如沿着缓坡而渐次出现的群落替代等。但在多数情况下，不同群落之间都存在过渡带，被称为群落交错区，并导致明显的边缘效应。

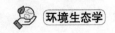

第二节 群落的组成

一、群落组成的性质分析

（一）种—面积曲线

群落的物种组成是决定群落性质的最重要的因素，也是区别不同群落类型的基本特征。群落生态学的研究都是从分析群落的物种组成开始的。为了了解群落的物种组成，通常是在群落的典型地段固定一定面积的样方，登记该样方中所有的物种，然后按照一定的顺序成倍扩大样方面积，登记新增加的物种数量。随着样方面积的增加，物种数量随之增加，但当样方面积逐步扩大到一定程度时，新出现的物种数量开始逐步减少，最后，随样方面积的增加，物种很少增加。

群落最小面积可以反映群落的组成结构，群落的物种越丰富，群落最小面积也就越大。一般来讲，植物群落的最小面积容易确定，草原群落最小面积为1～4m^2，灌丛群落最小面积为25～100m^2，北方森林群落最小面积为100～400m^2，而南方热带雨林群落最小面积为2 500m^2。但动物群落的最小面积较难确定，常采用间接指标（如根据动物的粪便、觅食量等指标）加以统计分析，确定其最小面积。

（二）群落组成种类的性质分析

在生物群落研究中，常根据物种在群落中的作用而划分为不同的群落成员类型。

1.优势种

在群落物种组成中，各个种类在决定群落性质和功能上的作用和地位是不相同的。一般来讲，群落中往往有一个或数个种类对群落的结构和环境形成有明显的控制作用，并强烈地影响其他生物的栖息，这样的生物种称为优势种。优势种在群落中占有较广泛的生境范围，能利用较多的资源，具有个体数量多、生物量大和生产力高等特点。如果去除优势种，将导致群落发生重大变化。

群落中优势种的多少，主要受物理因素的制约和种间竞争的影响。一般来说，能划定为优势种的种类，在寒冷干燥地区的群落中总是比温暖湿润地区的要少。例如，北方的森林可能只要1～2个树种即可组成森林的90%以上，而在热带森林则可能有不少种类在同样标准下成为优势种。即在自然条件极端或严酷的地区，优势种的种数就少，群落中支配因素由少数物种所分担。

2.从属种

除优势种外，群落中的其他物种称为从属种。植物群落中从属种可分为两个类群。一个类群为依赖性从属种，它紧密地依赖于优势种所提供的条件，如果优势种被排除，则将导致它们在生境中绝灭，如附生性植物、寄生生物、专性菌根真菌和专性阴地植物等，显然这些生物只有在优势种定居于一个地区后才能进入生境。另一个类群是指那些不论优势种存在与否，都能在该群落生境中存在的物种。这些从属种都是耐阴性的，却不完全需要那些由优势种提供的特殊条件。

3.关键种

在群落中，一些珍稀、特有、庞大的对其他物种具有与生物量不成比例影响的物种，它们在维护生物多样性和生态系统稳定方面起着重要的作用。如果它们消失或减少，整个生态系统就可能发生根本性的变化，这样的物种称为关键种。

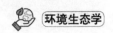

关键种的丢失和消除可以导致一些物种的丧失，或者一些物种被另一些物种所替代。群落的改变既可能是由于关键种对其他物种的直接作用（如大型捕食动物的捕食作用），也可能是间接作用。关键种就其数目而言，可能稀少，也可能很多；就其功能而言，可能只有专一功能，也可能具有多种功能。

根据关键种的不同作用方式，关键种的类型有：①关键捕食者；②关键被捕食者；③关键植食动物；④关键竞争者；⑤关键互惠共生种；⑥关键病原体/寄生物；⑦关键改造者。

关键种与优势种是有区别的，关键种的存在对于维持生物群落的组成和多样性具有决定性意义，但它们在生物群落中的数量及生物量与此不成比例。

4.冗余种

冗余的概念是指相对需求有多余。在一些生物群落中，有些种是多余的，这些种的去除不会引起群落内其他物种的丢失，同时对整个系统的结构和功能不会造成太大的影响，这类物种称为冗余种。在生态系统中，有许多物种成群地结合在一起，扮演着相同的角色，这些物种中必然有几个是冗余种。冗余种的去除并不会使群落发生改变。

提出冗余假说者，认为物种在生态系统中的作用显著不同，一些物种在生态功能上有相当程度的重叠，因此，某一物种的丢失并不会对整体生态功能产生大的影响。那些高冗余的物种，对于保护生物学工作来说，则有较低的优先权。但这并不意味着冗余种是不必要的，冗余是对于生态系统功能丧失的一种保险和缓冲。增加冗余种对促进一个生态系统的灵活性是很重要的。它的存在不仅有利于抵御不良环境，还提供了未来进一步发展的机会，所以冗余种是物种进化和生态系统继续进化的基础。在一个生态系统中，短时间看，冗余种似乎是多余的，但经过在变化的环境中长期发展，那些次要种和冗余种就可能在新的环境中变为优势种或关键种，从而改变和充实原来的生态系统。

二、群落组成的数量特征

1.多度

多度是表示一个物种在群落中个体数量多少的指标。群落中物种间个体数量的对比关系，可以通过种的多度来确定。在群落调查中，多度有两种表示方法，即记名计算法和目测估计法。

记名计算法一般用于详细的群落调查研究中。在一定面积的样地中，直接计数各个物种的个体数目，然后计算出某物种与同一类生活型全部物种个体数目的比例。目测估计法常用于物种个体数量多而体型较小的群落（如灌丛、草丛等）调查或概略性的群落调查中。其方法是按预先确定的多度等级来估计单位面积上物种个体多少的。

2.密度

密度是指单位面积上的生物个体数。

3.频度

频度是指某物种在调查范围内出现的频率。

4.盖度

盖度是指植物枝叶所覆盖的土地面积占样地面积的百分比，它是一个重要的植物群落学指标。植物基部覆盖面积称为基部盖度，草本植物的基部盖度以离地3cm处的草丛断面积计算，乔木树种的基部盖度以某一树种的胸高（离地1.3m）断面积与样地内全部断面积之比来计算。盖度又分为分盖度、层盖度和总盖度。通常分盖度与层盖度之和大于总盖度。某一种植物的分盖度与所有分盖度之和的比值称为相对盖度。在林业上经常用郁闭度来表示树木层的盖度。

5.优势度与重要值

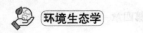

优势度是确定物种在群落中生态重要性的指标，其定义和计算方法尚无统一意见，一般指标主要是种的盖度和多度。动物一般以个体数或相对多度来表示。

6.群落相似性系数

群落相似性系数是指各样方单位共有种的百分率，其计算方法很多，目前不下十几种。

7.群落多样性

群落多样性是指群落中包含的物种数目和个体在种间的分布特征。实际上群落多样性研究的是物种水平上的生物多样性。

如果一个群落中有许多物种，且其多度非常均匀，则该群落具有较高的多样性；相反，如果群落中物种少，分布又不均匀，则具有较低的多样性。因此群落多样性的高低，取决于物种数和多度分布两个独立变量的性质。有时多样性的含义比较模糊，例如，一个物种少而均匀度高的群落，其多样性可能与另一个物种多而均匀度低的群落相等。

三、种间关联

生物群落中物种之间是存在相互作用的，有些种是经常生长在一起的，有些则相互排斥。如果两个种一起出现的次数比期望的更频繁，它们就是正关联；如果小于期望值，则具有负关联。正关联的原因可能是两个种之间存在依赖关系，或者两者受生物的和非生物的环境因素影响而生长在一起。负关联则是因为两个种之间存在空间排挤、竞争、他感（化感）作用以及不同的环境要求。

关联分析的目的是证明群落中两两物种的相互关系，按照“有机体论”，群落是一个自然单位，各物种应通过相互作用彼此之间有机结合形成一个生命网络，而且这种相互作用是一种必然的关联。但关联分析表明，群落中只有少部分物种之间存在显著的正、负关联，大部分物种之间是无明显的相互作用的，这说明群落的性质更接近“个体论”。

第三节　群落的结构

一、群落的结构要素

（一）生活型

生活型是生物对外界环境适应的外部表现形式。关于生活型的划分，早期人们习惯根据植物的形状、大小、分支等外貌特征，同时考虑到植物的生命期长短，把植物分为乔木、灌木、藤本植物、附生植物和草本植物等。目前广泛采用的是按照休眠芽或复苏芽所处的位置高低和保护方式，把高等植物划分为5个生活型，在各类群之下，根据植物体的高度、芽有无芽鳞保护、落叶或常绿、茎的特点等特征，再细分为若干较小的类型。

1.高位芽植物

休眠芽或顶端嫩枝位于离地面25cm以上的枝条上，如乔木、灌木等。其中根据体型的高矮又可分为大高位芽植物（芽高度＞30m）、中高位芽植物（高度8～30m）、小高位芽植物（高度2～8m）和矮高位芽植物（高度25cm～2m）等类型。

2.地上芽植物

植物的芽或顶端嫩枝位于地表土壤表面之上、25cm之下，受土表或残落物保护，多为灌木、半灌木或草本植物。

3.地面芽植物

植物在不利季节，其地上部分死亡，但被土壤和残落物保护的地下部分仍活着，更新芽位于地面土层内。为多年生草本植物。

4.隐芽植物

或称地下芽植物，植物芽位于较深土层中，或位于水中，多为鳞茎类、块茎类或根茎类多年生草本植物或水生植物。

5.一年生植物

植物只能在良好的季节中生长，它们以种子的形式度过不良季节。

统计各个群落内的各种生活型的数量对比关系，称为生活型谱。群落类型不同，其生活型谱也不同。我国自然条件复杂，不同气候区域的主要群落类型中生活型的组成各有特点。

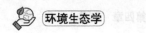

每一类植物群落都是由几种生活型植物所组成的，但其中有一类生活型占优势。这种生活型与环境关系密切：高位芽植物占优势是温暖多湿气候地区群落的特征，如热带雨林群落；地面芽植物占优势，反映了该地区具有较长的严寒季节，如寒温带针叶林群落；地上芽植物占优势，反映了该地区环境比较冷湿；一年生植物占优势则是干旱气候的荒漠和草原地区群落的特征，如温带草原群落。

动物也有不同的生活型，例如，兽类中有空中飞行的（蝙蝠）、滑翔的（鼯鼠）、游泳的（鲸、海豹）、地下穴居的（啮齿动物）、奔跑的（马、鹿）等，它们各有各的形态、生理和行为特征，适应各种不同的生活方式。但动物的生活型不能决定生物群落的外貌和结构。

（二）叶片性质与叶面积指数

1.叶片大小及性质

植物叶片是进行光合作用的主要器官，其大小、形状和性质直接影响着群落的结构与功能。叶的性质如阔叶、针叶、常绿、落叶等也是决定群落外貌的重要特征。叶片的大小与水分平衡和光合收益的效果有密切的关系，而叶温又影响着光合速率。在阳光辐射条件下，大叶的叶温比小叶高，蒸腾量大；相反，在遮阳条件下，大叶的叶温降得快。所以植物叶片的大小是以平衡蒸腾失水的植物的根吸水量作为成本，以光合收益高低作为收益来确定最佳大小的。

2.叶面积指数

叶面积指数是指单位面积土地上单面叶的总面积，是群落结构的一个重要指标，与群落的功能有着直接的关系。

（三）层片

层片是指群落中由同一生活型的不同植物构成的组合。层片具有以下特征：①属于同一层片的植物是同一生活型类别，但只有当其个体数量相当多，而且相互之间存在一定联系时才能组成层片；②每个层片在群落中均具有一定的小环境，不同层片小环境相互作用构成群落的环境；③每个层片在群落中都占据一定的空间和时间，层片的时空变化形成了群落的不同结构特征。

层片与通常所说的层既有相同之处，又有本质的区别。例如，针、阔叶混交林的乔木层就包含针叶和阔叶两个生活型，北方的夏绿阔叶林乔木层可能属同一层片，而热带森林的乔木层可能包含若干个不同的层片。

（四）生态位

生态位是种在群落中的机能作用和地位，生态位完全相同的种是不能共存的。因此，群落中各个物种是具有一定的生态位分化的，群落越复杂，生态位多样性越高。可以通过计算生态位宽度和生态位重叠，来评价群落中各物种对资源的利用程度和竞争情况。

（五）同资源种团

群落中以同一方式利用共同资源的物种集团称为同资源种团。例如，热带地区取食花蜜的许多蜂鸟就是一个同资源种团。

同资源种团是由生态学特征上很相似的种类所组成的，它们彼此之间具有较高的生态位重叠，种间竞争很激烈，一个种因某种原因从群落中消失，其他种就可以取而代之。相比之下，某一同资源种团与群落中其他同资源种团间的关系就较弱。根据同资源种团的特点，可以利用它进行竞争和群落结构的实验研究。同时，以同资源种团作为组成群落的成员，与以物种为成员相比，研究会简单得多，这有助于深入研究群落的营养结构。因而研究同资源种团将是群落生态学研究的一个很有希望的方向。

（六）群落外貌

群落外貌是指生物群落的外部形态或表相。它是群落中生物与生物间、生物与环境间相互作用的综合反映。陆地群落外貌主要取决于植被的特征，植物群落是植被的基本单元。水生群落外貌主要取决于水的深度和水流特征。

陆地群落外貌由组成群落的优势生活型和层片结构所决定。群落外貌常随时间的推移而发生周期性变化，这是群落结构的另一重要特征。在一年内随着气候季节变化，群落呈现不同的外貌，这就是季相。

二、群落的垂直结构

（一）成层现象

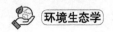

环境的逐渐变化，导致对环境有不同需求的动、植物生活在一起，这些动、植物各有其生活型，其生态幅度和适应特点也各有差异，它们各自占据一定的空间，并排列在空间的不同高度和一定土壤深度中。群落这种垂直分化就形成了群落的层次，称为群落垂直成层现象。群落的分层现象主要取决于植物的生活型。动物也有分层现象，但不明显。水生环境中，不同的动、植物也在不同深度水层中占有各自位置。

群落的成层现象保证了生物群落在单位空间中更充分地利用自然条件。成层现象发育最好的是森林群落，林中有林冠、下木、灌木、草本和地被等层次。林冠直接接受阳光，是进行初级生产过程的主要地方，其发育状况直接影响到下面各层次。如果林冠是封闭的，林下的灌木和草本植物就发育不好；如果林冠是相当开阔的，林下的灌木和草本植物就发育良好。

以陆生植物群落为例，成层现象包括地上部分和地下部分。决定地上部分分层的环境因素主要是光照、温度等条件，而决定地下部分分层的主要因素是土壤的物理化学性质，特别是水分和养分。由此可看出，成层现象是表现植物群落与环境条件相互关系的一种特殊形式。环境条件愈好，群落的层次就愈多，层次结构就愈复杂；环境条件愈差，层次就愈少，层次结构也就愈简单。

（二）主要层的作用

多层次结构的群落中，各层次在群落中的地位和作用不同，各层中植物种类的生态习性也是不同的。如以一个郁闭森林群落来说，最高的那一层既是接触外界大气候变化的“作用面”，又因其遮蔽阳光的强烈照射，而保持林内温度和湿度不致有较大幅度的变化。也就是说，这一层在创造群落内的特殊小气候中起着主要作用，它是群落的主要层，这一层的树种多数是阳性喜光的种类。上层以下各层次中的植物由上而下耐阴性递增，在群落底层光照最弱的地方则生长着阴性植物，它们不能适应强光照射和温度、湿度的大幅度变化，在不同程度上依赖主要层所创造的环境而生存。由这些植物所构成的层次在创造群落环境中起着次要作用，是群落的次要层，该层中植物的种类常因主要层的结构变化而有较大的变化。区别主要层和次要层，完全按群落中的地位和作用而定。在一般情况下最高的一层是主要层，但在特殊情况下，群落中较低的层次也可能是主要层。如热带稀树干草原植被，其分布地气候特别干热，树木星散分布，树冠互不接触，干旱季节全部落叶，在形成植物环境方面作用较小，而密集深厚的草层却强烈影响着土壤的发育，同时也影响着树木的更新。显然，草本层是在群落内占着主要地位的层次。

植物群落中有一些植物，如藤本植物和附、寄生植物，它们并不独立形成层次，而是分别依附于各层次中直立的植物体上，称为层间植物。随着水、热条件愈加丰富，层间植物发育愈加繁茂。粗大木质的藤本植物是热带雨林的特征之一，而附生植物更是多种多样。层间植物主要在热带、亚热带森林中生长发育，而不是普遍生长于所有群落之中，但它们也是群落结构的一部分。

地下部分（根系）的成层现象和层次之间的关系与地上部分是相应的。一般在森林群落中，草本植物的根系分布在土壤的最浅层，灌木及小树根系分布较深，乔木的根系则深入到地下更深处。地下各层次之间的关系，主要围绕着水分和养分的吸收而实现。

在群落的每一层次中，往往栖息着一些不同程度上可作为各层特征的动物。一般来说，群落的垂直分层越多，动物种类也越多。陆地群落中动物种类的多样性，往往是植被层次发育程度的函数。大多数鸟类可同时利用几个不同层次，但每一种鸟有一个自已所喜好的层次。

水生群落中，生态位要求不同的各种生物也在不同深度的水体中占据各自的位置，呈现出分层现象。它们的分层主要取决于透光状况、水温和溶解氧的含量。一般可分为漂浮生物、浮游生物、游泳生物、底栖生物、附底动物和潜底动物等。我国淡水养殖业中的一条传统经验，就是在同一水体中混合放养栖息不同水层中的鱼类，以达到提高单产的效果。

三、群落的水平格局

群落结构的另一特征就是水平格局，其形成与构成群落的成员的分布状况有关。陆地群落的水平格局主要取决于植物的分布格局。对群落的结构进行观察时，经常可以发现，在一个群落某一地点，植物分布是不均匀的。均匀型分布的植物是少见的。如生长在沙漠中的灌木，由于植株间不可能太靠近，可能比较均匀，但大多数种类是成群型分布。在森林中，林下阴暗的地点，有些植物种类形成小型组合，而林下较明亮的地点是另外一些植物种类形成的组合。在草原中也有同样的情况，在并不形成郁闭植被的草原群落，禾本科密草丛中有与其伴生的少数其他植物，草丛之间的空间则由各种不同的其他杂草和双子叶杂草所占据。群落内部的这种小型组合可以称为小群落，它是整个群落的一小部分。小群落形成的原因，主要是环境因素在群落内不同地点上分布不均匀，如小地形和微地形的变化、土壤湿度和盐渍化程度的不同，以及群落内植物环境，如上部遮阳不均匀等。同时，植物种类本身的生物学特点也有重大作用，特别是种的繁殖、迁移和竞争等特征，对形成小群落也起到重要作用。

群落水平分化成各个小群落，它们的生产力和外貌特征不相同，在群落内形成不同的斑块。一个群落内出现多个斑块的现象称为群落的镶嵌性，斑块是群落水平分化的一个结构部分。而且，在其形成的过程中依附其所在群落，因此，有人称之为从属群落。动物群落因其自身的生物学适应范围不同，随着栖息环境的布局而产生相应的水平分布格局。

四、群落的时间格局

很多环境因素具有明显的时间节律，如昼夜节律和季节节律，所以群落结构也随时间而有明显的变化，这就是群落的时间格局。相应地，群落中各种植物的生长发育也随之有规律地进行。其中，主要层的植物季节性变化使得群落表现为不同的季节性外貌，即为群落的季相。季相变化的主要标志是群落主要层的物候变化。特别是主要层的植物处于营养盛期时，往往对其他植物的生长和整个群落都有着极大的影响，有时当一个层片的季相发生变化时，可影响另一层片的出现与消亡。这种现象在北方的落叶阔叶林内最为显著。早春乔木层片的树木尚未长叶，林内透光度很大，林下出现一个春季开花的草本层片；入夏乔木长叶林冠荫蔽，开花的草本层片逐渐消失。这种随季节而出现的层片，称为季节层片。由于季节不同而出现依次更替的季节层片使得群落结构也发生了季节性变化。群落中由于物候更替所引起的结构变化，又被称为群落在时间上的成层现象。它们在对生境的利用方面起着补充的作用，从而有效地利用了群落的环境空间。

动物群落的季相变化的例子也很多，如人们所熟知的候鸟春季迁徙到北方营巢繁殖，秋季南迁越冬。动物群落的昼夜相也很明显，如森林中，白昼有许多鸟类活动，但一到夜里，鸟类几乎都处于停止活动状态。但一些鸮类开始活动，使群落的昼夜相迥然不同。水生群落的昼夜相不像陆地群落的那么容易看到，但许多淡水和海洋群落中的一些浮游生物有着明显的昼夜相。在日周期中种的个体可上下移动几米，而整个种群在白天则移动到光照最强的水面以下，晚上向上移至水面。

五、群落的交错区和边缘效应

不同群落的交界区域，或两类环境相接触部分，即通常所说的结合部位，称为群落交错区（ecotone）或称生态环境脆弱带。“ecotone”为国际生态界最新定义的基本概念之一，一般译作“生态环境交错带”或“生态环境过渡带”。考虑到生态界面的实质，以及该空间域的动态特征，重新将其定义为：在生态系统中，凡处于两种或两种以上的物质体系、能量体系、功能体系之间所形成的“界面”，以及围绕该界面向外延伸的“过渡带”的空间域。它一直被视为界面理论在生态环境中的广延与发展，界面应视为相对均衡要素之间的“突发转换”或“异常空间邻接”。

群落交错区实际上是一个过渡地带，这种过渡地带大小不一，有的较窄，有的较宽，有的变化很突然，称为断裂状边缘，有的则表现为逐渐的过渡，或者两种群落互相交错形成镶嵌状，称为镶嵌状边缘。

群落交错区形成的原因很多，如生物圈内生态系统的不均一，层次结构普遍存在于山区、水域及海陆之间，地形、地质结构与地带性的差异，气候等自然因素变化引起的自然演替、植被分割或景观切割，人类活动造成的隔离，森林、草原遭受破坏，湿地消失和土地沙化等。在森林带和草原带的交界地区，常有很宽的森林草原地带，在此地带中，森林和草原镶嵌着出现。群落的边缘有些是持久的，有些是暂时的，这都是由环境条件所决定的。

群落交错区或两个群落的边缘和两个群落的内部核心区域，环境条件往往有明显的区别，如森林草原的边缘，风大、蒸发强，使边缘干燥。太阳辐射在群落的南缘和北缘相差很大，夏季南向边缘比北向边缘每天可多接受数小时日照，从而使之更加干燥。

在群落交错区内，单位面积内的生物种类和种群密度较之相邻群落有所增加，这种现象称为边缘效应，其形成需要一定的条件，如：两个相邻群落的渗透力应大致相似；两类群落所造成的过渡带需相对稳定；各自具有一定面积或只有较小面积的分割；具有两个群落交错的生物类群等。边缘效应的形成，必须在具有特性的两个群落或环境之间，还需要一定的稳定时间，因此，不是所有的群落交错区内都能形成边缘效应。在高度遭受干扰的过渡地带和人类创造的临时性过渡地带，由于生态位简单、生物群落适宜度低及种类单一可能发生近亲繁殖，群落的边缘效应不易形成。

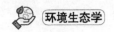

发育较好的群落交错区，其生物有机体可以包括相邻两个群落的共有物种，以及群落交错区特有的物种。这种仅发生于交错区或原产于交错区的最丰富的物种，称为边缘种。在自然界中，边缘效应是比较普遍的，农作物的边缘生物量高于中心部位的生物量。

人们利用群落交错区的边缘效应，用增加边缘长度和交错区面积的方法来提高野生动物的产量。在同样面积的土地上，种植同样量的植物，利用增加边缘长度的方法，可提高野生动物的产量。我国南方在水网地区修造的一种桑基鱼塘，便是人类因地制宜建立的一种边缘效应，已有数百年的历史。对于自然形成的边缘效应，应很好地发掘利用。对于本不存在的边缘，也应努力去模拟塑造。随着科学技术的发展，广泛运用自然边缘效应所给予的启示，将有助于对资源的开发、保护与利用。

六、影响群落组成和结构的因素

（一）生物因素

在群落结构形成过程中，生物因素起着重要的作用，其中作用最大的是竞争和捕食。

1.竞争对群落结构的影响

竞争是生物群落结构形成的一个重要驱动因素。一般认为，生物群落中物种通过竞争引起生态位分化，从而增加群落的物种多样性。

2.捕食对群落结构的影响

捕食对群落结构形成的影响，视捕食者是泛化种还是特化种而异。如果捕食者是泛化种，随着捕食者食草压力的增加，可使草地的植物多样性增加，而当捕食压力过高时，又会导致植物多样性下降。如果捕食者是特化种，当其捕食对象为群落的优势种时，可导致群落多样性的增加，而当捕食对象为竞争力弱的种时，随着捕食压力的增加，物种多样性就会呈线性下降趋势。

（二）干扰对群落结构的影响

干扰是自然界的普遍现象，生物群落不断经受各种随机变化的事件的干扰，引起群落的非平衡特性，对群落的结构形成和存在状态有重要影响。

1.中度干扰假说

中度干扰假说提出的理由是：①一次干扰后少数先锋物种入侵缺口，如果干扰频繁、一再出现的话，则先锋物种不能发展到演替的中期，物种多样性保持较低；②如果干扰间隔期很长，使演替发展到顶极期，竞争排斥起到了排斥他种的作用，多样性也不高；③只有中等程度的干扰将使多样性最高，它允许更多的物种入侵和建立种群。

2.干扰与群落的缺口

连续的群落出现缺口是非常普遍的现象，缺口往往是由于干扰而造成的。例如，大风、雷电、火烧、雪崩、砍伐等可引起森林群落的缺口，而冻融、动物挖掘、啃食、践踏等可引起草地群落的缺口。干扰造成群落缺口后，有的在没有继续干扰的条件下会逐渐按照当地的典型演替序列而出现可以预测的有序演替过程，但也有的则经受完全不可预测的变化，缺口可能被周围群落中的任何物种入侵和占据，并发展为优势种。

（三）空间异质性和群落结构

环境条件不是均匀一致的，从而导致群落的空间异质性。空间异质性越高，群落的小生境越多，群落会有更多的物种存在。

研究表明，在土壤和地形变化频繁的地段，植物群落含有更多的物种，而平坦同质土壤上群落的物种多样性偏低。淡水系统中，底质类型越多，软体动物种类越多。MacArthur等研究鸟类多样性与植物物种多样性和取食高度多样性之间的关系，发现鸟类多样性与植物多样性的相关不如与取食高度多样性的相关明显，说明对于鸟类生活来说，植被的分层结构比物种组成更重要。在灌丛和草地群落中，垂直分层不如森林明显，而水平结构的异质性就起到决定性作用。

（四）平衡学说与非平衡学说

对于群落结构的形成，存在着平衡学说和非平衡学说两种对立观点。

平衡学说把生物群落视为存在于不断变化的物理环境中的稳定实体，生活在同一群落中的物种种群处于一种稳定状态。其中心思想是：①群落中共同生活的物种通过竞争、捕食和互利共生等种间作用相互牵制；②生物群落具有全局稳定性的特点，种间相互作用导致群落的稳定特性，在稳定状态下群落的组成和各物种的数量都变化不大；③群落出现变化实际上是由于环境的变化，即所谓的干扰造成的，并且干扰是逐渐衰亡的。

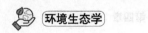

非平衡学说的主要依据是中度干扰理论。该学说认为，构成群落的物种始终处于变化之中，群落不能达到平衡状态，自然界的群落不存在全局稳定性，有的只是群落的抵抗力（群落抵抗外界干扰的能力）和恢复力（群落受到干扰后恢复到原来状态的能力）。

平衡学说和非平衡学说除对干扰的作用强调不同以外，基本的区别在于：平衡学说的注意点是群落处于平衡点的性质，而对于时间和变异性注意不够；非平衡学说则把注意力放在离开平衡点是群落的行为变化过程，特别强调了时间和变异性。

第四节 群落的演替

一、群落演替的概念

生物群落常随环境因素或时间的变迁而发生变化。植物群落的变化，首先是组成群落的各种植物都有其生长、发育、传播和死亡的过程。植物之间的相互关系则直接或间接地影响这个过程。同时外界环境条件也在不断地变化，这种变化也时时影响着群落变化的方向和进程。生物群落虽有一定的稳定性，但它随着时间的进程处于不断变化中，是一个运动着的动态体系。如在原群落存在的地段，火灾、水灾、砍伐等使群落遭受破坏，在火烧的迹地上，最先出现的是具有地下茎的禾草群落，继而被杂草群落所代替，依次又被灌草丛所代替，直到最后形成森林群落。这样一个群落被另一个群落所取代的过程，称为群落的演替。

二、群落的形成及发育

（一）群落的形成

群落的形成，可以从裸露的地面上开始，也可以从已有的另一个群落中开始。但任何一个群落在其形成过程中，至少要有植物的传播、植物的定居、植物之间的竞争，以及相对平衡的各种条件和作用。

裸地是没有植物生长的地段。它的存在是群落形成的最初条件和场所。裸地产生的原因复杂多样，但主要是地形变迁、气温现象和生物的作用，而规模最大和方式最多的是人为活动。上述几种原因，可能产生从来没有植物覆盖的地面，或者原来存在过植被但现已被彻底地消灭，如冰川的移动等。属于此类情况所产生的裸地称为原生裸地。另一种情况是原有植被虽已不存在，但原有植被下的土壤条件基本保留，甚至还有曾经生长在此的植物种子或其他繁殖体，如森林的砍伐和火烧等。这样的裸地称为次生裸地。在这两种情况下，植被形成的过程是不同的。前者植被形成的最初阶段，只能依靠种子或其他繁殖体自外地传播而来。而后者，残留在当地的种子或其他繁殖体的发育在一开始就起作用。在裸地上，群落形成的过程有3个阶段。

1.侵移或迁移

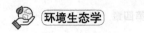

侵移或迁移是指植物生活的繁殖结构进入裸地，或进入以前不存在这个物种的一个生境的过程。繁殖结构主要是指孢子、种子、鳞茎、根状茎，以及能繁殖的植物的任何部分。植物能借助各种方式传播它的繁殖体，使它能从一个地方迁移到新的地方。繁殖体的传播，首先取决于其产生的数量。通常有较大比率的繁殖体得不到繁殖的机会，实际的繁殖率和繁殖体产生率之间的差异是很大的。能够传播的繁殖体，在其传播的全部过程中，常包括好几个运动阶段，也就是说，植物繁殖体到达某个新的地点过程中，往往不是只有一次传播。繁殖体迁移的连续性取决于可移动性、传播因子的传播距离和地形等因素。侵移不仅是群落形成的首要条件，也是群落变化和演替的重要基础。

2.定居

定居是指传播体的萌发、生长、发育，直到成熟的过程。植物繁殖体到达新的地点，能否发芽、生长和繁殖都是问题。只有当一个种的个体在新的地点上能繁殖时，才算定居过程的完成。繁殖是定居中一个重要环节。若不能繁殖，不仅个体数量不能增加，而且植物在新环境中的生长只限于一代。

开始进入新环境的物种，仅有少数能幸存下来繁殖下一代，或只在一些较小的生境中存活下来。这种适应能力较强的物种称为先驱种或称先锋植物。这种初步建立起来的群落，称为先锋植物群落，它对以后的环境的改造，对相继侵入定居的同种或异种个体起着极其重要的奠基作用。这一阶段，物种间互不干扰，数目少，种群密度低，因此，在资源利用上没有出现竞争。

3.竞争

随着已定居植物的不断繁殖，种类、数量的不断增加，密度加大，在资源利用方面由于没有充分地利用而逐渐出现了物种间的激烈竞争。有的物种定居下来，并且得到了繁殖的机会，而另一些物种则被排斥。获得优势的物种得到发展，从不同角度利用和分摊资源。通过竞争达到相对平衡，从而进入协同进化，这样更能充分利用资源。

（二）群落的发育

任何一个群落，都有一个发育过程。一般在自然条件下，每个群落随着时间的进程，都经历着一个从幼年到成熟以及衰老的发育时期。

1.群落发育的初期

这一时期，群落已有雏形，建群种已有良好的发育，但未达到成熟期。种类组成不稳定，每个物种的个体数量变化也很大，群落结构尚未定型。群落所特有的植物环境正在形成中，特点不突出。总之，群落仍在成长发展之中，群落的主要特征仍在不断增强。

2.成熟期

这个时期是群落发展的盛期。群落的物种多样性和生产力达到最大，建群种或优势种在群落中作用明显。主要的种类组成在群落内能正常地更新，群落结构已经定型，主要表现在层次上有了良好的分化，呈现出明显的结构特点。群落特征处于最优状态。

3.衰老期

一个群落发育的过程中，群落对内部不断进行改造，最初这种改造对群落的发育起着有利的影响。当改造加强时，就改变了植物环境条件。建群种或优势种已缺乏更新能力，它们的地位和作用已下降，并逐渐为其他种类所代替，一批新侵入种定居，原有物种逐渐消失。群落组成、群落结构和植物环境特点也逐渐变化，物种多样性下降，最终被另一个群落所代替。

群落的形成和发育之间没有明显的界线。一个群落发育的末期，也就孕育着下一个群落发育的初期。但一直要等到下一个群落进入发育盛期，被代替的这个群落特点才会全部消失。在自然群落演替中，这样两个阶段之间，群落发育时期的交叉和逐步过渡的现象是常见的。但把群落发育过程分为不同阶段，在生产实践上具有重要意义。如在森林的经营管理中，把森林群落划分为幼年林、中年林及成熟林等几个发育时期，根据不同时期进行采伐，既能取得较大的经济效益，又能保持生态相对平衡。

三、群落演替的类型

（一）划分演替类型的原则

植物群落演替常因不同学者依据的分类原则，而划分为各种的演替类型。

1.按裸地性质划分。

可分为原生演替和次生演替。前者是指在原生裸地上开始进行的群落演替，其演替系列称为原生演替系列；后者是指在次生裸地上开始进行的群落演替，其演替系列称为次生演替系列。

2.按基质性质划分。

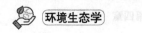

可分为水生基质演替系列和旱生基质演替系列。

3.按水分关系划分。

可分为水生演替系列、旱生演替系列和中生演替系列。后者是介于前两者之间的中生生境开始的演替系列。

4.按时间划分。

可分为快速演替，是在几年或几十年期间发生的演替；长期演替，是延续几十年，有时是几百年期间内发生的演替；世纪演替，延续的时间是以地质年代计算的，是与大陆和植物区系进化相联系的演替。

5.按植被的状况和动态趋势划分。

可分为灾难性演替，即与植被破坏相联系的演替；发育性演替，即未破坏植被目前均衡状态的演替。

6.按主导因素划分。

可分为群落发生演替，是植物在幼年生境定居的过程；内因生态演替或内因动态演替，受环境变化制约，是植物群落成分生命活动的结果；外因生态演替或外因动态演替、异因发生演替，是由环境条件变化所引起的；地因发生演替或整体发生演替，是由于更大的统一体发生变化，而引起植被变化过程，这种主导因素的分类被认为是非常值得重视的。

（二）典型群落的演替

现就有代表性的演替类型介绍如下。

1.沙丘群落的演替

它属原生演替类型。沙丘上的先锋群落由一些先锋植物和无脊椎动物构成。随着沙丘裸露的时间的延长，在上面的先锋群落依次为桧柏松林、黑栎林、栎—山核桃林，最后发展为稳定的山毛榉—枫树林群落。群落演替开始于极端干燥的沙丘之上，最后形成冷湿的群落环境，形成富有深厚腐殖质的土壤，其中出现了蚯蚓和蜗牛。不同演替阶段上的动物种群是不一样的。少数动物可以跨越两个或3个演替阶段，多数动物只存留一个阶段便消失了。原生演替的过程进行得很缓慢。

2.水生群落的演替

从湖底开始的水生群落的演替，属原生演替类型。现以淡水池塘或湖泊演替为例，其演替过程包括以下几个阶段：自由漂浮植物阶段；沉水植物阶段；浮叶根生植物阶段；挺水植物阶段；湿生草本植物阶段；木本植物阶段。

整个水生演替系列也就是湖泊填平过程，它通常是从湖泊周围向湖泊中央顺序发生的，演替的每一个阶段都为下一阶段创造了条件，使得新的群落得以在原有群落的基础上形成和产生。

3.森林群落的演替

在天然条件下，缺少外界因素或人为严重干扰的各类植物群落，统称为原生植被。原生植被受到破坏，就会发生次生演替。它最初的发生是由外界因素的作用引起的，如森林砍伐、草原放牧、耕地撂荒等。

森林受到严重破坏之后，其恢复过程较缓慢，一般要经过草本植物期、灌木期和盛林期。采伐演替的特点，取决于森林群落的性质、采伐方式、采伐强度，以及伐后对森林环境的破坏等。现以云杉林采伐为例，云杉是我国北方针叶林的优势树种之一，也是西部和西南部地区亚高山针叶林中的一个主要森林群落类型。在云杉林被采伐后，一般要经过4个阶段。①采伐迹地阶段。此阶段也就是森林采伐的消退期。②小叶树种阶段。此阶段适合于一些喜光的阔叶树种，如桦树、山杨等的生长。③云杉定居阶段。由于桦树、山杨等上层树种缓和了林下小气候条件的剧烈变动，又改善了土壤环境，因此，阔叶林下已经能够生长耐阴性的云杉和冷杉幼苗。④云杉恢复阶段。经过一个时期，云杉的生长超过了桦树和山杨，于是云杉组成森林的上层，桦树和山杨因不能适应上层遮阳而开始衰亡，过了较长时间云杉又高居上层，造成茂密的遮阳，在林内形成紧密的酸性落叶层，于是又形成了单层的云杉林。森林采伐后的复生过程，并不单纯取决于演替各阶段中不同树种的喜光或耐阴性等特性，还取决于综合生境条件变化的特点。

群落的演替，无论是旱生演替系列还是水生演替系列，都显示演替总是从先锋群落经过一系列阶段达到中生性的顶极群落的。这样由先锋群落向着顶极群落的演替过程，称为进展演替。反之，如果是由顶极群落向着先锋群落演替，则称为逆行演替。后者是在人类活动影响下发生的，具有存在大量的适应不良环境的特有种、群落结构简单化、群落生产力降低等特点，如草地代替森林，就有逆行演替性质。

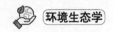

对于次生群落的改造和利用已引起人们的注意。各种次生群落中都有一些可利用的植物，如含油脂的、生物碱的以及含各类芳香油的原料植物或其他用途的植物。在研究次生演替的同时，对于各种次生群落要按其可利用的价值分别对待。对有一定经济价值的种类，采用留优去劣的办法加以培育，以提高整个群落的产量和质量。另外，还可采用人工播种或种植的方法，扶植一些有经济价值的种类，对原有群落加以改造。在直接利用次生群落时，首先要了解次生群落只是次生演替系列的一个阶段，既要掌握它生长较快和可塑性较大的特点，又要注意它的不稳定性，否则就达不到利用的目的。

四、群落演替的理论

（一）演替顶极的概念

随着群落的演替，最后出现一个相对稳定的顶极群落期，称为演替顶极（climax）。顶极概念的中心点，就是群落的相对稳定性。它围绕着一种稳定的、相对不变化的平均状况波动。顶极的稳定性需要在动态的生态系统机能中保持平衡。

为了使一个顶极群落中的种群保持稳定，必须在出生率和死亡率之间、在新增加个体与死亡个体之间有一种平衡。在理论上，这样出生率与死亡率的平衡，要经过很长时间，才能成为顶极群落的所有种群的特征。这种平衡，也必须应用于整个群落的物质和能量的吸收与释放。这种稳定性，称为动态平衡或稳定状态。顶极就意味着一个自然群落中的一种稳定状态。

（二）关于顶极群落的不同学说

1.单元顶极学说

单元顶极学说认为在任何一个地区，一般的演替系列的终点是一个单一的、稳定的、成熟的植物群落，即顶极群落，它取决于该地区的气候条件，主要表现在顶极群落的优势种能很好地适应该地区的气候条件，这样的群落称为气候顶极群落。只要气候没有急剧的改变，没有人类活动和动物显著影响或其他侵移方式的发生，它便一直存在，而且不可能存在任何新的优势植物，这就是所谓的单元顶极学说。根据这种学说的解释，一个气候区域之内只有一个潜在的气候顶极群落。这一区域之内的任何一种生境，如给予充分时间，最终都能发展到这种群落。

单元顶极学说曾对群落生态学的发展起到重要的推动作用。当人们进行野外调查工作时，却发现任何一个地区的顶极群落都不止一种，而它们还是明显处于相当平衡的状态下，就是说，顶极群落除了取决于各地区的气候条件以外，还取决于那里的地形、土壤和生物等因素。

2.多元顶极学说

多元顶极学说认为任何一个地区的顶极群落都是多个的，它取决于土壤湿度、化学性质、动物活动等因素，因此，演替并不导致单一的气候顶极群落。在一个地区不同生境中，产生一些不同的稳定群落或顶极群落，从而形成一个顶极群落的镶嵌体，它由相应的生境镶嵌所决定。这就是说，在每一个气候区内的一个顶极群落是气候顶极群落，但在相同地区并不排除其他顶极群落的存在。根据这一概念，任何一个群落，在被任何一个单因素或复合因素稳定到相当长时间的情况下，都可认为是顶极群落。它之所以维持不变，是因为它和稳定生境之间已经达到全部协调的程度。

以上两个学说的不同之处在于：单元顶极学说认为，只有气候才是演替的决定因素，其他因素是次要的，但可阻止群落发展为气候顶极群落；多元顶极学说则强调生态系统中各个因素的综合影响，除气候外的其他因素也可以决定顶极群落的形成。

3.顶极群落—格局学说

依据多元顶极学说提出的顶极群落—格局学说，认为植物群落虽然由于地形、土壤的显著差异及干扰，必然产生某些不连续，但从整体上看，植物群落是一个相互交织的连续体。他强调景观中的种群各以自己的方式对环境因素的相互作用做出独特的反应。一个景观的植被所含的边界明确的块状镶嵌，就是由一些连续交织的种群参与联系而构成的复杂群落格局。生境梯度决定种群格局，因此，若生境发生变化，那么种群的动态平衡也将随之改变。由于生境具有多样性，而植物种类又繁多，因此顶极群落的数目是很多的。

前两种学说都承认群落是一个独立的不连续的单位，而顶极群落—格局学说则认为群落是独立的连续单位。但不论是单元顶极学说、多元顶极学说还是顶极群落—格局学说，都承认顶极群落经过单向的变化后，已经是达到稳定状态的群落，而顶极群落在时间上的变化和空间上的分布，都是和生境相适应的。顶极群落实质上是最后达到相对稳定阶段的一个生态系统。这个系统全部或部分遭到破坏，只要有原来的因素存在，它就能重建。关于顶极理论，目前仍处于争论之中。

第五章　景观生态学

第一节 景观生态学中的基本概念

一、景观与景观生态学的含义

“Landscape（景观）”一词的使用最早见于希伯来语圣经《旧约全书》，其原意都是表示自然风光、地表形态和风景画面。而景观作为学术名词被引入地理学，具有地表可见景象的综合与某个限定性区域的双重含义。在生态学中，景观的定义可概括为狭义和广义两种。

狭义的景观是指几十千米至几百千米范围内，由不同生态系统类型所组成的异质性地理单元。而反映气候、地理、生物、经济、社会和文化综合特征的景观复合体称为区域。狭义的景观和区域可统称为宏观景观。广义的景观则指出现在从微观到宏观不同尺度上的，具有异质性或斑块性的空间单元。显然，广义的景观强调空间异质性，其空间尺度则随研究对象、方法和目的的变化而变化，而且它突出了生态系统多尺度和等级结构的特征。这一概念越来越广泛地为生态学家所关注和采用。因此，景观生态学是研究景观单元的类型组成、空间格局及其与生态过程相互作用的综合性学科。强调空间格局、生态过程与尺度之间的相互作用是景观生态学研究的核心所在。

景观生态学的研究内容可概括为3个基本方面。①景观结构，即景观组成单元的类型、多样性及其空间关系；②景观功能，即景观结构与生态过程的相互作用，或景观结构单元之间的相互作用；③景观动态，即指景观在结构和功能方面随时间推移发生的变化。景观的结构、功能和动态是相互依赖、相互作用的。这正如其他生态学组织单元（如种群、群落、生态系统）的结构与功能是相辅相成的一样，景观结构在一定程度上决定景观功能，而景观结构的形成和发展又受到景观功能的影响。景观生态学研究的具体内容很广，而且常常涉及不同组织层次的格局和过程。比如，景观结构特征与生理生态过程、生物个体行为、种群动态、群落动态以及生态系统在不同时空尺度上的作用都属于景观生态学观察、研究的范畴。

景观生态学以整个景观为研究对象。强调景观的异质性，重视其尺度性和综合性。景观生态学的出现填补了生态学组织层次上的空白，成为生态系统生态学与全球生态学之间的过渡，它强调生态要素与现象的空间结构和尺度作用，具有重要的意义和很强的实用性。从学科地位来讲，景观生态学兼有生态学、地理学、环境科学、资源科学、规划科学、管理科学等大学科的优点，适宜于组织协调跨学科多专业的区域生态综合研究，在现代生态学体系中处于应用基础生态学的地位。

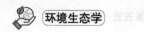

景观生态学与其他生态学科的区别：与其他生态学科相比，景观生态学明确强调空间异质性、等级结构和尺度在研究生态格局和过程中的重要性。而人类活动对生态系统的影响，也是在较大尺度上景观生态学研究的一个重要方面。虽然其他生态学科的研究也关注生态学组织单元的结构、功能和动态，但只有景观生态学重视空间结构和生态过程在多个尺度上的相互作用。因此，无论是从时间和空间上，还是从组织水平上，景观生态学研究的尺度域都比其他学科更宽。

二、景观生态学的主要概念

（一）尺度

尺度一般是指对某一研究对象或现象在空间上或时间上的量度，分别称为空间尺度和时间尺度，常用分辨率与范围来表达，它标志着对所研究对象的细节了解的水平。此外，组织尺度，即在由生态学组织层次（如个体、种群、群落、生态系统、景观）组成的等级系统中的位置，这个概念也被广为使用。在生态学研究中，空间尺度是指所研究生态系统的面积大小或最小信息单元的空间分辨率水平，而时间尺度是指动态变化的时间间隔。其表示方法：空间分辨率的最小单位称为粒度或像元，每一个像元（图像单元）视为同质，而像元之间视为异质。例如，在不同观察高度上观察森林，生态学家会发现对于同一森林景观，其最小可辨识结构单元会随着距离而发生变化，在某一观察距离上的最小可辨识景观单元则代表了该景观的空间粒度。对于空间数据或图像资料而言，其粒度对应于最高分辨率或像元大小。时间尺度则指某一现象或事件发生的频率或时间间隔。某一生态演替研究中的取样时间间隔或某一干扰事件发生的频率，都是时间尺度的例子。尺度可分为绝对尺度和相对尺度，前者是指真实的距离、方向和外形，后者是根据生物的功能联系用作两点间距离的相对描述。

在景观生态学中，“尺度”一词的用法往往不同于地理学或地图学中的比例尺。一般而言，大尺度常指较大空间范围内的景观特征，往往对应于小比例尺、低分辨率；而小尺度则常指较小空间范围内的景观特征，往往对应于大比例尺、高分辨率。在景观生态学研究中，人们往往需要利用某一尺度上所获得的信息或知识来推测其他尺度上的特征，这一过程即所谓尺度推绎。尺度推绎包括尺度上推和尺度下推。由于生态系统的复杂性，尺度推绎往往采用数学模型和计算机模拟作为重要工具。

（二）空间异质性和斑块性

异质性是景观生态学的一个重要概念。对于异质性的一般定义是：由不相关或不相似的组成单元构成的系统。景观由异质要素组成，异质性作为一种景观的结构特性，对景观的功能和过程有重要的影响，它可以影响资源、物种或干扰在景观中的流动与传播。

空间异质性是指生态过程和格局在空间分布上的不均匀性及复杂性，表现为生态系统的斑块性和环境的梯度变化。斑块性主要强调斑块的种类组成特征及空间分布与配置关系，比异质性在概念上更为具体化；而梯度是指沿某一方向景观特征有规律地逐渐变化的空间特性，如海拔梯度、海陆梯度和边缘—核心区梯度等。异质性、斑块性和空间格局在概念上和实际应用中都是相互联系但又略有区别的。最主要的共同点在于它们都强调非均质性，以及对尺度的依赖性。

空间异质性在生态学研究的意义可总结如下：①满足物种不同生态位的需求，有利于不同物种存在于空间的不同位置，从而允许物种共存；②影响群落生产力和生物量；③导致群落内物种组成结构的小尺度差异；④控制群落物种动态和生物多样性的基本因子；⑤对生态稳定性有重要作用。

（三）格局与过程

景观生态学中的格局，往往是指空间格局，即斑块和其他组成单元的类型、数目以及空间分布与配置等。人们熟知的空间格局有均匀布局、聚集布局、线状布局、平行布局和共轭布局。空间格局决定着资源地理环境的分布形成和组分，制约着各种生态过程，与干扰能力、恢复能力、系统稳定性和生物多样性有着密切关系。

基本生态过程包括生物生产力、生物地球化学循环、生态控制以及生态系统间相互关系等方面。与格局不同，过程则强调事件或现象发生、发展的程序和动态特征。景观生态学常常涉及的生态过程包括种群动态、种子或生物体的传播、捕食者和猎物的相互作用、群落演替、干扰扩散、养分循环等。影响基本生态过程的空间格局参数如下。

1.斑块大小。

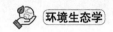

即斑块面积，影响单位面积的生物量、生产力、养分储存、物种多样性、内部种的移动和外来种的数量。多数研究表明，物种多样性与景观斑块面积大小密切相关，斑块面积是景观内物种多样性的决定因素。

2.斑块形状。

斑块的形状和走向影响生物种的发育、扩展、收缩和迁移。斑块形状可以用斑块边界实际长度与同面积圆周长的比值来表示，斑块形状值越大，斑块形状越复杂，在景观生态学中，斑块形状是常用的定量指标之一。

3.斑块密度。

单位面积上的斑块数，是描述景观破碎化的重要指标。斑块密度越大，破碎化程度越高。

4.斑块的分布构型。

它影响干扰的传播和扩散速率。

（四）景观多样性

景观多样性是指景观单元在结构和功能方面的多样性，反映了景观的复杂程度。景观多样性主要研究组成景观的斑块在数量、大小、形状和景观的类型、分布，以及斑块间的连接性、连通性等结构和功能上的多样性。根据景观多样性的研究内容可将其分为3种类型，即斑块多样性、类型多样性和格局多样性，在研究中往往更重视它与其他层次生物多样性的关联。

斑块多样性是指景观中斑块的数量、大小和斑块形状的多样性和复杂性。斑块是内部均一的、构成景观的组成部分。斑块是物种的集聚地，是景观中物质和能量迁移与交换的场所。单位面积上的斑块数目，即景观的完整性或破碎化，对物种的灭绝具有重要的影响。

景观破碎化一是可缩小某一类型生境的总面积和每一斑块的面积，会影响到种群的大小和灭绝的速率；二是在不连续的片断中，残留面积的再分配影响物种散布和迁移的速率。而斑块面积的大小不仅影响物种的分布和生产力水平，而且影响能量和养分的分布。一般来说，斑块中能量和矿质养分的总量与其面积成正比，物种的多样性和生产力水平也随着面积的增加而增加。斑块的形状对生物的扩散和动物的觅食以及物质和能量的迁移具有重要的影响。例如，通过林地迁移的昆虫或脊椎动物，或飞越林地的鸟类，更容易发现垂直于它们迁移的方向的狭长采伐迹地。

类型多样性是指景观中类型的丰富度和复杂度。类型多样性多考虑景观中不同的景观类型（如农田、森林、草地等）的数目以及它们所占面积的比例。景观类型多样性的生态意义主要表现为对物种多样性的影响。类型多样性和物种多样性的关系不是简单的正比例关系，往往呈现正态分布的规律。景观类型多样性的增加既可增加物种多样性，又可减少物种多样性。如在单一的农田景观中，增加适度的森林斑块，可引入一些森林生境的物种，增加物种的多样性；而森林被大规模破坏，毁林开荒，造成生境的片断化，森林面积的锐减以及结构单一的人工生态系统的大面积出现，有时虽然增加了景观类型多样性，但给物种多样性保护造成了严重的困难。

格局多样性是指景观类型空间分布的多样性及各类型之间以及斑块与斑块之间的空间关系和功能联系。景观类型的空间结构对生态过程（物质迁移、能量交换、物种运动）有重要影响。不同的景观空间格局（林地、草地、农田、裸露地等的不同配置）对径流、侵蚀和元素的迁移影响不同。如清除农田景观中的树篱，增加田块的面积会导致侵蚀量增加。格局多样性对物质迁移、能量流动和生物运动有重要影响，在景观设计、规划和管理上对物种多样性保护起到重要的作用。

（五）景观边界与边缘效应

边缘效应最初是指生态过渡带内的物种数目与相邻群落之间的差异。而生态过渡带是相邻生态系统之间的过渡区，其特征受时空尺度和相邻生态系统作用强度的影响。边缘效应后来发展为景观边界的概念，定义为相对均质的景观之间所存在的异质景观。1987年1月，在法国巴黎召开的一次会议对景观边界的定义是“相邻生态系统之间的过渡带，其特征由相邻的生态系统之间相互作用的空间、时间及强度所决定”。它强调了时间和空间尺度与相邻生态系统的相互作用及其强度，其内涵比以前的要深刻和丰富得多，成为景观边界研究的理论基础。

根据环境梯度的变化状况，景观边界可分为突变与渐变两种，使得边界的两侧的生态系统具有明显或不明显的不连续性。许多景观边界属于群落交错区，如水陆交错带、干湿交错带、农牧交错带、森林边缘带、沙漠边缘带、城乡交错带等。

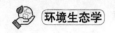

景观斑块的边缘效应是指斑块边缘部分由于受外围影响而表现出与斑块中心部分不同的生态学特征的现象。斑块中心部分在气象条件（如光、温度、湿度、风速）、物种的组成以及生物地球化学循环方面，都可能与其边缘部分不同。许多研究表明，斑块周界部分常常具有较高的物种丰富度和第一性生产力。有些物种需要较稳定的生物条件，往往集中分布在斑块中心部分，故称为内部种。而另一些物种适应多变的环境条件，主要分布在斑块边缘部分，则称为边缘种。然而，有许多物种的分布是介乎这二者之间的。当斑块的面积很小时，内部—边缘环境分异不复存在，因此整个斑块便会全部为边缘种或对生境不敏感的物种占据。显然，边缘效应是与斑块的大小以及相邻斑块和基底特征密切相关的。

边缘效应在性质上有正效应和负效应。正效应表现出效应区（交错区、交接区、边缘）比相邻的群落具有更为优良的特性，如生产力提高、物种多样性增加等；反之，则称为负效应。负效应主要表现在交错区种类组分减少、植株生理生态指标下降、生物量和生产力降低等。

边缘效应是极其普遍的自然现象，不同森林的交界处、森林和草原交接处、江河入海口交接处、城市与农村交接处等，无不具有其独特性。在现实的各种系统中，无论是自然生态系统还是人工生态系统，均是相对的和有限的，在它们的交界处体现着不同性质系统间的相互联系和相互作用，其结果必然赋予交错区以独特性质。

（六）斑块—廊道—基底模式

景观是由相互作用的嵌块体以类似的形式重复出现表现的、具有高度空间异质性的区域，景观的组成单元称为景观要素，相当于一个具体的生态系统。组成景观的结构单元有3种：斑块、廊道和基底。斑块泛指与周围环境在外貌或性质上不同，但又具有一定内部均质性的空间部分。这种所谓的内部均质性，是相对于其周围环境而言的。具体地讲，斑块包括植物群落、湖泊、草原、农田、居民区等。因而其大小、类型、形状、边界以及内部均质程度都会显现出很大的不同。

廊道是指景观中与相邻两边环境不同的线性或带状结构。它既可以呈隔离的条状，如公路、河道，也可以与周围基质呈过渡性连续分布，如某些更新过程中的带状。廊道两端通常与大型斑块相连，如公路、铁路两端的城（镇），树篱两端的大型自然植被斑块等。

基底是指景观中分布最广、连续性也最大的背景结构，常见的有森林基底、草原基底、农田基底、城市用地基底等。在许多景观中，其总体动态常常受基底所支配。因此，斑块—廊道—基底模式是构成并用来描述景观空间格局的基本模式，它为我们提供了一种描述生态系统的“空间语言”，使得对景观结构、功能和动态的表述更为具体、形象。斑块—廊道—基底模式还有利于考虑景观结构与功能之间的相互关系，比较它们在时间上的变化。然而，必须指出，要确切地区分斑块、廊道和基底有时是很困难的，也是不必要的。广义而言，把所谓基底看作景观中占绝对主导地位的斑块亦未尝不可。另外，因为景观结构单元的划分总是与观察尺度相联系，所以斑块、廊道和基底的区分往往是相对的。例如，某一尺度上的斑块可能成为较小尺度上的基底，或许又是较大尺度上廊道的一部分。

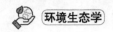

第二节 景观生态学的基本原理和相关理论

一、景观生态学的基本原理

（一）景观系统的整体性与异质性原理

景观是由景观要素有机联系组成的复杂系统，含有等级结构，具有独立的功能特性和明显的视觉特征，是具有明确边界、可辨识的地理实体。一个健康的景观系统具有功能上的整体性和连续性，只有从系统的整体性出发来研究景观的结构、功能和变化，才能得出正确的结论。景观系统同其他非线性系统一样，是一个开放的、远离平衡态系统，具有自组织性、自相似性、随机性和有序性等特征。异质性本是系统或系统属性的变异程度，而对空间异质性的研究成为景观生态学别具特色的显著特征，它包括空间组成、空间构型和空间相关等内容。异质性同抗干扰能力、恢复能力、系统稳定性和生物多样性有密切关系，景观异质性程度高有利于物种共生而不利于稀有内部种的生存。景观格局是景观异质性的具体表现，可运用负熵和信息论方法进行测度。景观异质性也可理解为景观要素分布的不确定性，其出现频率通常可用正态分布曲线描述。

（二）格局与过程关系原理

格局和过程通常指的是不同的地理或景观单元的空间关系和响应的演变过程。就格局而言，可以从大小、形状、数量、类型和空间组合上来进行描述。这些描述格局的变量有着其本身的地理学意义。例如，不同的斑块大小能够提供不同的生态域和资源域，对于生物多样性保护来说具有十分重要的意义。同样，斑块形状可以影响水土和生物的运动过程，斑块的数量则可以用来判定景观破碎化的程度。此外，从空间组合的角度来描述格局可以反映出它们的空间结构特征、地带性和非地带性的规律。就过程而言，可以分为自然过程（例如，元素和水分的分布与迁移、物种的分布与迁徙、径流与侵蚀、能量的交换与转化等）和社会文化过程（例如，交通、人口、文化的传播等）。因此，格局和过程的相互关系可以表达为“格局影响过程，过程改变格局”，在具体的研究问题上往往需要把两者耦合起来进行研究。

（三）尺度分析原理

格局与过程是生态学的重要范式，若要正确理解格局与过程的关系，就必须认识到其所依赖的尺度特点。尺度分析一般是将小尺度上的斑块格局经过重新组合而在较大尺度上形成空间格局的过程，与之相伴的是斑块形状趋向规则化以及景观类型的减少。尺度效应表现为最小斑块面积随尺度增大而增大，其类型则有所转换，景观多样性减小。通过建立景观模型和应用技术，可以根据研究目的选择最佳尺度，并对不同尺度的研究成果进行转换。由于景观尺度上进行控制性实验代价高昂，因此尺度的转换技术很重要。

景观和区域都在“人类尺度”上即在人类可辨识的尺度上来分析景观结构，把生态功能置于人类可感受的范围内进行表述，这尤其有利于了解景观建设和管理对生态过程的影响。在时间尺度上，人类世代即几十年的尺度是景观生态学关注的焦点。

（四）景观结构镶嵌性原理

景观空间异质性通常表现为梯度与镶嵌，后者的特征是对象被聚集形成清楚的边界，连续空间发生中断和突变。土地镶嵌性是景观的基本特征之一，斑块—廊道—基质模型是对此的一种理论表述。

景观斑块是地理、气候和生物、人文因子影响所构成的空间集合体，具有特定的结构形态，表现为物质、能量或信息的输入与输出单位。斑块的大小、形状不同，有规则、不规则之分；廊道曲直、宽度不同，连接度也有高有低，而基质更显多样，从连续到孔隙状，从聚集态到分散态，从而构成了镶嵌变化、丰富多彩的景观格局。

（五）景观生态流与空间再分配原理

生物物种与营养物质和其他物质、能量在景观组分间的流动被称为生态流，它们是景观中生态过程的具体体现，受景观格局的影响和控制。景观格局的变化必然伴随着物种、养分和能量的流动和空间再分配，也就是景观再生产的过程。

在景观水平上，有3种机制驱动各种生态流的发生，即扩散、传输、运动。

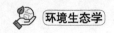

后两者是景观尺度上的主要作用力。扩散形成最少的聚集格局，传输居中，而运动可在景观中形成最明显的聚集格局。

景观的边缘效应对生态流有重要影响，它可起到半透膜的作用，对通过的生态流进行过滤。此外，在相邻景观要素处于不同发育期时，可随时间转换而分别起到源和汇的作用。

（六）景观演化的人类主导性原理

景观变化的动力机制有自然干扰与人类活动影响两个方面。由于当今世界上人类活动影响的普遍性与深刻性，对于作为人类生存环境的各类景观而言，人类活动对于景观演化无疑起着主导作用，通过对变化方向和速率的调控可实现景观的定向演变和可持续发展。

景观稳定性取决于景观空间结构对于外部干扰的阻抗及恢复能力，其中景观系统所能承受人类活动作用的阈值称为景观生态系统承载力。其限制为环境变化对人类活动的反作用，如景观空间结构的拥挤程度、景观中主要生态系统的稳定性、可更新自然资源的利用强度、环境质量以及人类身心健康的适应与感受性等。

景观系统的演化方式有正、负反馈两种。负反馈有利于系统的自适应和自组织，保持系统的稳定，是自然景观演化的主要方式；而不稳定则与正反馈相联系。从自然景观向人工景观的转化多为正反馈，如围湖造田、毁林开荒和城市扩张等。

二、景观生态学的相关理论

（一）等级理论

等级理论是20世纪60年代以来逐渐发展形成的，关于复杂系统结构、功能和动态的理论。它的发展是基于一般系统论、信息论、非平衡态热力学、数学以及现代哲学的有关理论。根据等级理论，复杂系统具有离散性等级层次，据此，对这些系统的研究可得以简化。一般而言，处于等级系统中高层次的行为或动态常表现出大尺度、低频率、慢速度的特征，而低层次行为或过程的行为或动态则表现出小尺度、高频率、快速度的特征。不同等级层次之间还具有相互作用的关系，即高层次对低层次有制约作用，而低层次则为高层次提供机制和功能。由于高层次具有低频率、慢速度的特点，高层次的信息在分析研究中往往可表达为常数；另一方面，由于低层次具有快速度、高频率的特点，低层次的信息则常常只需要以平均值的形式来表达（滤波效应）。

等级理论认为：任何系统皆属于一定的等级，并具有一定的时间和空间尺度。整个生物圈是一个多重等级层次系统的有序整体，每一高级层次系统都是由具有自己特征的低级层次系统组成的。景观是由不同生态系统组成的空间镶嵌体，同样具有等级特征，景观的性质依其所属的等级不同而异。等级结构系统的每一层次都有其整体结构和行为特征，并具有自我调节和控制机制。一定层次上系统的整体属性既取决于其各个子系统的组成和结构关系，也取决于同一层次上各相关系统之间的相互影响，并受控于上一级系统的整体特征，而很难与更低级层次或更高级层次上系统的属性和行为建立直接联系。

等级系统的结构包括垂直结构和水平结构。垂直结构是指等级系统中层次数目、特征及其相互作用，有巢式和非巢式等级系统。在巢式等级系统中，每一层次均由其下一层次组成，二者具有完全包含与被包含的对应关系（例如，分类等级系统：界—门—纲—目—科—属—种）。在非巢式系统中，不同等级层次由不同实体单元组成，因此上、下层次之间不具有包含与被包含的关系，如食物网往往形成非巢式等级系统。水平结构指同一层次整体元的数目、特征和相互作用。整体元具有两面性或双向性，即对其低层次表现出相对自我包含的整体特性，对其高层次则表现出从属组分的受约束特性。必须指出，等级系统垂直结构层次的离散性并非绝对的，往往是人们感性认识的产物。而这种分析方法给研究复杂系统带来方便。实质上有些等级系统的垂直层次可能具有连续性。

等级理论最根本的作用在于简化复杂系统，以便实现对其结构、功能和行为的理解和预测。等级理论的意义在于，明确提出了在等级系统中，不同等级层次上的系统都具有相应结构、功能和过程，需要重点研究解决的问题也不相同。特定的问题既需要在一定的时间和空间尺度上，也就是在一定的生态系统等级水平上加以研究，还需要在其相邻的上、下不同等级水平和尺度上考察其效应和控制机制。

近年来，等级理论对景观生态学的兴起和发展起了重大作用。其最为突出的贡献在于，它大大增强了生态学家的“尺度感”，为深入认识和理解尺度的重要性以及发展多尺度景观研究方法起到显著的促进作用。

（二）岛屿生物地理学理论

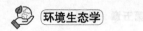

岛屿生物地理学理论是在1967年由MacArthur和Wilson创立的。他们认为岛屿中的物种多样性取决于物种的迁入率和灭绝率，而迁入率和灭绝率与岛屿的面积、隔离程度及年龄等有关。岛屿生物地理学理论阐述了岛屿上物种的数目与面积之间的关系。该理论认为，由于新物种的迁入和原来占据岛屿的物种的灭绝，物种的组成随时间不断变化。

MacArthur和Wilson认为岛屿生物种类的丰富程度完全取决于两个过程，即新物种的迁入和原来占据岛屿物种的灭绝。当迁入率和灭绝率相等时，岛屿物种数达到动态的平衡状态即物种的数目相对稳定，但物种的组成不断变化和更新，这就是岛屿生物地理学理论的核心。所以岛屿生物地理学理论也称为平衡理论。岛屿生物地理学理论的基本思想是，一个岛屿物种的数目代表了迁入和灭绝之间的一种平衡。

任何岛屿上生态位或生境的空额有限，已定居的种数越多，新迁入的种能够成功定居的可能性就越小，而任一定居种的灭绝率就越大。因此，对于某一岛屿而言，迁入率和灭绝率将随岛屿上物种的丰富度的增加而分别呈下降和上升趋势。就不同的岛屿而言，物种的迁入率随其与陆地种库或侵殖体源的距离增加而下降，生物多样性随岛屿面积增加而增加的这种现象称为“面积效应”。小岛屿上物种灭绝要比大岛屿快，这是因为小岛屿有限的空间使得物种之间对资源的竞争加剧，允许容纳的物种数就相对较少，并且每个物种的种群数量也小。当迁入率与灭绝率相等时，总的物种数也小。许多西印度群岛的岛屿，包括古巴、牙买加等就是例子。如果岛屿的面积相等，岛屿与陆地和其他岛屿之间的距离越远，其上的物种的迁入就越慢。这就是所谓“距离效应”，即岛屿离陆地和其他岛屿越远，其上的物种数目就越少。距离是衡量岛屿隔离程度的重要指标。

岛屿生物地理学理论丰富了生物地理学理论和生态学理论，促进了我们对生物物种多样性地理分布与动态格局的认识和理解。岛屿生物地理学理论的简单性及适用领域的普遍性使这一理论长期成为物种保护和自然保护区设计的理论基础。岛屿生物地理学理论的最大贡献之一，就是把斑块的空间特征与物种数量巧妙地用一个理论公式联系在一起，这为此后的许多生态学概念和理论奠定了基础。

（三）复合种群理论

美国生态学家理查德·莱维斯（Richard Levins）在1970年创造了“metapopulation（复合种群）”一词，并将其定义为“由经常局部性绝灭，但又重新定居而再生的种群所组成的种群”。即复合种群是由空间上彼此隔离，而在功能上又相互联系的两个或两个以上的亚种群或局部种群组成的种群斑块系统。亚种群生存在生境斑块中，而复合种群的生存环境则对应于景观镶嵌体。“复合”正是强调这种空间复合体特征。复合种群必须满足的两个条件：一是频繁的亚种群（或生境斑块）水平的局部性灭亡；二是亚种群（或生境斑块）间的生物繁殖体或个体的交流（迁移和再定居过程），从而使复合种群在景观水平上表现出复合稳定性。

复合种群动态往往涉及3个空间尺度：①亚种群尺度或斑块尺度。生物个体通过日常采食和繁殖活动发生频繁的相互作用，形成局部范围内的亚种群单元。②复合种群和景观尺度。不同亚种群之间通过植物种子和其他繁殖体传播或动物运动发生较频繁的交换作用。③地理区域尺度。这一尺度代表了所研究物种的整个地理分布范围，即生物个体或种群的生长和繁殖活动不可能超越这一空间范围。在这一区域内，可能有若干个复合种群存在，但一般来说它们很少相互作用。但在考虑很大的时间尺度时（如进化或地质过程），地理区域范围内的一些偶发作用也会对复合种群的结构和功能特征产生显著影响。

一般来说，复合种群分为5种类型：经典型、大陆—岛屿型、斑块型、非平衡态型和混合型。在这5种类型中，从生境斑块之间种群交流强度来看，非平衡态型最弱，斑块型最强；从生境斑块大小分布差异或亚种群稳定性差异来看，大陆—岛屿型高于其他类型。

复合种群理论与岛屿生物地理学理论既有联系，又有区别。共同的基本过程是生物个体迁入并建立新的局部种群，以及局部种群的灭绝过程。但复合种群理论强调过程研究，从种群水平上研究物种的消亡规律，侧重遗传多样性，对濒危物种的保护更有意义；岛屿生物地理学理论注重格局研究，从群落水平上研究物种的变化规律，对物种多样性的保护更有意义。

（四）渗透理论

渗透理论最初是用以描述胶体和玻璃类物质的物理特性，并逐渐成为研究流体在介质中运动的理论基础，一直用于研究流体在介质中的扩散行为。渗透理论最突出的要点，就是当媒介的密度达到某一临界值时，渗透物突然能够从媒介的一端到达另一端。其中的临界阈值现象也常常可以在景观生态过程中发现。例如，流行病的暴发与感染率、潜在被传染者和传播媒介之间的关系，大火蔓延与森林中燃烧物质积累量及空间连续性之间的关系，生物多样性的衰减与生境破碎化之间的变化，都在不同程度上表现出临界阈限特征。

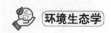

根据渗透理论，如果生境单元呈随机分布，景观中的生境斑块小于总面积的60%时，以离散性为主要特征；生境斑块所占面积比例增至60%时，景观中会出现呈横贯通道形式的特大生境斑块，这种连通斑块的形成标志着景观从高度离散状态转变为高度连续状态，从而为生物个体的运动和种群动态创造了一个全新的环境。在渗透理论中，允许连通斑块出现的最小生境面积百分比称为渗透阈值或临界密度、临界概率，其理论值为0.592 8。然而，景观的面积、栅格单元的几何形状、生境斑块在景观中的聚集分布状况均会影响到渗透阈值的大小。由于实际景观中生境斑块多呈聚集型分布，如存在有利于物种的迁移廊道，或者由于物种个体的迁移能力很强，可以跳跃一个或几个废生境单元，其渗透阈值或临界景观连接度通常要比经典的随机渗透模型所得出的理论值低。因此，渗透理论对于研究景观结构（特别是连接度）和功能之间的关系，颇具启发性和指导意义。

自20世纪80年代以来，渗透理论在景观生态学研究中的应用日益广泛（干扰的蔓延、种群动态），并逐渐地作为一种“景观中性模型”而著称。所谓中性模型，是指不包含任何具体生态过程或机理的，只产生数学上或统计学上所期望的时间或空间格局的模型。景观中性模型的最大作用是为研究景观格局和过程的相互作用提供一个参照系统。通过比较随机渗透系统和真实景观的结构和行为特征，可以有效地检验有关景观格局和过程关系的假设。渗透理论基于简单随机过程，并有显著的而且可预测的阈值特征，因此是非常理想的景观中性模型。它已经被用于研究景观连接度和干扰（如火）的蔓延、种群动态等生态过程。

（五）源—汇景观理论

在地球表层系统普遍存在的物质迁移运动中，有的系统单元是作为物质迁出源，而另一些系统组成的单元则是作为接纳迁移物质的聚集场所，被称为汇。在景观生态学中，“源”景观是指在格局与过程研究中，那些能促进生态过程发展的景观类型；“汇”景观是那些能阻止、延缓生态过程发展的景观类型。“源”“汇”景观是针对生态过程而言的，在识别时，必须和待研究的生态过程相结合。只有明确了生态过程的类型，才能确定景观类型的性质。如对于非点源污染来说，一些景观类型起到了“源”的作用，如山区的坡耕地、化肥施用量较高的农田、城镇居民点等；一些景观类型起到了“汇”的作用，如位于“源”景观下游方向的草地、林地、湿地景观等。对于生物多样性保护来说，能为目标物种提供栖息环境、满足种群生存基本条件，以及利于物种向外扩散的资源斑块，可以称为“源”景观；不利于物种生存与栖息，以及生存有目标物种天敌的斑块可以称为“汇”景观。

源-汇景观理论的提出主要是基于生态学中的生态平衡理论，从格局和过程出发，将常规意义上的景观赋予一定的过程含义，通过分析源-汇景观在空间上的平衡，来探讨有利于调控生态过程的途径和方法。源-汇景观理论主要应用于以下领域。

1.源-汇景观格局设计与非点源污染控制

在流域生态规划中合理设置源-汇景观的空间格局，使非点源污染物质在异质景观中重新分配，从而达到控制非点源污染的目的。“源”“汇”景观类型的空间分布与面源污染的形成具有密切的关系，因此，可以通过探讨不同景观类型在空间上的组合来控制养分流失在时空尺度上的平衡，从而降低非点源污染形成的危险性。

2.源-汇景观格局设计与生物多样性保护

通过分析不同景观类型相对于目标物种的作用，以及目标物种生存斑块与周边斑块之间的空间关系，可以评价景观空间格局的适宜性。如果目标物种的栖息地周边分布有更多的资源斑块，那么这种景观格局应该更有利于目标物种的生存；如果周边地区分布有较多的“汇”景观（人类活动与天敌占用的斑块），那么这样的景观格局将不利于目标物种的保护和生存。

3.源-汇景观格局设计与城市“热岛”效应控制

城市“热岛”效应和交通拥挤的出现，在一定程度上可以认为是城市景观中“源”“汇”景观空间分布失衡造成的。城市景观类型包括灰色景观（人工建筑物，如大楼、道路等）、蓝色景观（如河流、湖泊等）、绿色景观（如城市园林、草坪、植被隔离带等）。城市“热岛”效应主要是由于灰色景观过度集中分布引起的，可以看作“热岛”效应的“源”，而蓝色景观、绿色景观可以起到缓解城市“热岛”效应的作用，可以看作“热岛”效应的“汇”。在研究城市“热岛”效应时，应根据“热岛”效应的“源”与“汇”特征，从空间上调控灰色景观、蓝色景观和绿色景观，这样将会有效地降低城市“热岛”效应的形成。

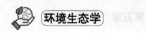

第三节 景观格局的形成、结构和功能特征

一、景观格局的概念

在景观生态学中，景观格局一般指景观的空间格局，是大小、形状、属性不一的景观空间单元（斑块）在空间上的分布与组合规律。景观格局是景观异质性的具体表现，是自然干扰和人类各种活动共同影响的结果。空间斑块性是景观格局最普遍的形式，它表现在不同的尺度上。景观格局及其变化是自然的和人为的多种因素相互作用所产生的一定区域生态环境体系的综合反映，景观斑块的类型、形状、大小、数量和空间组合既是各种干扰因素相互作用的结果，又影响着该区域的生态过程和边缘效应。不同的景观类型在维护生物多样性、保护物种、完善整体结构和功能、促进景观结构自然演替等方面的作用是有差别的；同时，不同景观类型对外界干扰的抵抗能力也是不同的。因此，对某区域景观空间格局的研究，是揭示该区域生态状况及空间变异特征的有效手段。可以将研究区域不同生态结构划分为景观单元斑块，通过定量分析景观空间格局的特征指数，从宏观角度得出区域生态环境状况如何的结论。

二、影响景观格局形成的主要因素

为了方便起见，空间格局的成因可分为以下3种：非生物的（物理的）、生物的和人为的。非生物的和人为的因素在一系列尺度上均起作用，而生物因素通常只在较小的尺度上成为格局的成因。大尺度上的非生物因素（如气候、地形、地貌）为景观格局提供了物理模板，生物的和人为的过程通常在此基础上相互作用而产生空间格局。这种物理模板本身也具有其空间异质性或不同的格局。由于地质、地貌等地理范畴方面的空间异质性变化是很缓慢的，对于大多数生态过程来说可以看作相对静止的，因此，这种物理性空间格局与生态过程主要表现为格局对过程的制约作用。自然或人为干扰是一系列尺度上空间格局的主要成因。由于其不同的起源和性质，在联系空间与生态过程时，有必要对干扰的特征加以认识。现实中，景观格局往往是许多因素和过程共同作用的结果，故具有多层异质结构。

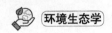

景观格局形成的原因和机制在不同尺度上往往是不一样的。在小尺度上，生物学过程（竞争、捕食等）对于空间格局的形成起着重要的作用。概而言之，非生物因素（气候、地形等）通常能够决定景观在大范围内的空间异质性，而生物学过程则对小尺度上的斑块性有重要影响。如在森林景观中，大尺度的格局反映自然地理边界、土地利用变化或大面积干扰的影响；流域内地形变化可导致不同树种占优势的局部森林群落；而在森林立地内，异质性常常由个体森林水平的林隙动态所导致。自然的和人为的干扰是不同尺度上景观斑块性形成的最重要的因素。人为干扰（城市化、重大工程、森林垦荒等）常常造成高度的景观（和生境）破碎化，而自然斑块性有利于生境多样化，是生物多样性的决定因素之一。

三、斑块的结构和功能特征

（一）斑块的主要类型和成因

根据斑块形成的原因，常见的景观斑块可分为以下6种类型：①干扰斑块。在景观背景上发生小范围的干扰则产生斑块，可导致斑块形成的干扰是多种多样的，如滑坡、风灾、雪雹、动物危害、火灾等。干扰形成的斑块是能够最快消失的一种景观斑块，因此具有最高的周转率、最短的寿命。但是干扰斑块经常是因存在较长时间的重复出现的干扰形成的。②残留性斑块，又叫残余斑块。由于高强度、大范围的干扰包围了一个很小的范围，形成斑块，即一个小面积区域周围广泛的强大的干扰而造成该小区为斑块。如大面积农田所包围的残余自然片林，森林大火以后保留的小块森林，城市建筑群体所包围的小块农田、森林等，均是残余斑块。③环境资源斑块。景观中出现的嵌体，是由于环境资源本身如土壤、岩石、水分等条件不同于周围的基质而造成的一种斑块。因此该种嵌体的形成是由于环境条件的异质性所造成的。因为环境资源的分布相对永久，因此由此形成的景观斑块也具相对的永久性。在这类相对稳定的斑块中，种群的波动、种的迁移以及种的消失等过程都比较慢。④引入斑块。由于人类有意或者无意地将动植物引入某些地区而形成局部性生态系统（种植园、耕作地、城市等）。⑤更新斑块。在一些情况下发生更新斑块。它与残余斑块相似但起源不同。例如，在一个受重复干扰的大范围中的一个局部区域，由于干扰停止而发生植被的演替（更新），如在原来的农地中出现新的树林。虽然更新斑块在受干扰的基质中表现为残余斑块，它的种类变化类似于干扰斑块。⑥短生斑块。由于环境条件短暂波动或动物活动造成的、持续期限很短的斑块，如荒漠中雨后出现的短生植物群落演替过程中的过渡群落。

（二）斑块的结构特征和生态学功能

1.种—面积关系和岛屿生物地理学理论

景观中斑块面积的大小、形状以及数目对生物多样性和各种生态过程都会有影响。

一般而言，物种多样性随着斑块面积的增加而增加。但是，除面积以外，景观特征对物种多样性也很重要。如在总面积相同的情况下，设立一个大保护区还是设立几个小保护区更有利于保护物种多样性？理论分析和野外数据都表明，在某些情况下几个小保护区比一个大保护区具有更多的物种。多个小保护区往往具有如下优势：增加景观生境异质性，降低种内和种间竞争，减少某些疾病、干扰和外来种的传播，以及给边缘种提供更多的生境。因此，尽管几个小保护区能够拥有更多物种，大多可能是边缘种而已。讨论自然保护问题时必须考虑最小存活种群、维持最小存活种群的最小面积、维护生态系统完整性的最小面积等因素。

在现实景观中，各种大、小斑块往往同时存在，具有不同的生态学功能。大斑块由于生境敏感种的生存，为大型脊椎动物提供了核心生境和躲避所，为景观中其他组成部分提供了种源，能维持更近乎自然的生态干扰体系，在环境变化的情况下，对物种灭绝过程有缓冲作用。小斑块可以作为物种传播以及物种局部灭绝后重新定居的生境和“踏脚石”，从而增加景观连接度，为许多边缘种、小型生物类群以及一些稀有种提供生境。

2.边缘效应

边缘效应与斑块的大小以及相邻斑块和基底特征密切相关。一般而言，当生境斑块面积增加时，核心区面积比边缘面积要增加得快；同样，当生境斑块面积减小时，核心区面积则比边缘面积减小得快；当斑块面积比较小的时候，核心区—边缘环境差异不复存在，因此，整个斑块便全部为边缘种或对生境不敏感的种占据。

3.斑块结构与生态系统过程

斑块的结构特征对生态系统的生产力、养分循环和水土流失等过程都有重要影响。例如，景观中不同类型和大小的斑块可导致其生物量在数量和空间分布上不同。由于边缘效应，生态系统光合作用效率以及养分循环和收支平衡特征都会受到斑块大小及有关结构特征的影响。一般而言，斑块越小，越容易受到外围环境或基质中各种干扰的影响。而这些影响的大小不仅与斑块的面积有关，同时也与斑块的形状及其边界特征有关。

4.斑块形状及其生态效应

自然界中，斑块的形状是多种多样的。自然过程造成的斑块（如自然生态系统）常表现出不规则的复杂形状，而人为斑块（农田、居民区等）则表现出较规则的几何形状。根据形状和功能的一般性原理，紧密型形状（斑块长宽比或周界面积比接近方形或圆形）在单位面积的边缘比例小，有利于保蓄能量、养分和生物；而松散型形状（如长宽比很大或边界蜿蜒曲折）易于促进斑块内部与外围环境的相互作用，尤其是能量、物质和生物方面的交换。

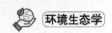

四、廊道、网络与基底的结构和功能特征

（一）廊道的结构和功能特征

根据成因，廊道可分为5种类型：干扰型、引入型、残留型、再生型、环境资源型。根据其组成内容或生态类型，廊道可分为3种：道路、河流、森林。廊道类型的多样性反映了其结构和功能的多样性。廊道的重要结构特征包括：宽度、组成、内部环境、形状、连续性及其与周围斑块或基底的相互关系。廊道的主要功能可以归纳为4类：①作为生境（如河边生态系统、植被条带）；②作为传输通道（如植物传播体、动物以及其他物质随植被或河流廊道在景观中运动）；③过滤或阻抑作用（如道路、防风林道及其他植被廊道对能量、物质和生物流在穿越时的阻截作用）；④作为能量、物质和生物的“源”或“汇”（如农田中森林廊道，一方面具有较高的生物量和若干野生动植物种群，为景观中其他组分起到“源”的作用，另一方面也可阻截和吸收来自周围农田水土流失的养分与其他物质，从而起到“汇”的作用）。

（二）网络与基底的结构和功能特征

在景观中，廊道相互交叉形成网络，使廊道与斑块和基底的相互作用复杂化。网络具有一些独特的结构特点，如网络密度（即单位面积的廊道数量）、网络连接度（即网络中廊道形成闭合回路的程度）以及网络闭合性（即网络中廊道形成的闭合回路的程度）。网络的功能与廊道相似，但与基底的作用更加广泛和密切。廊道或其网络的功能要根据其组成和结构特征以及与所在景观的基底和斑块的相互关系来确定。

如何区分景观基底、斑块以及廊道呢？一般而言，基底是景观中出现最广泛的部分。如农业景观中大片农田是基底，而各种廊道和斑块（如居民区、道路、残留的自然植被片段等）镶嵌于其中。因此，基底通常具有比廊道和斑块更高的连续性。识别基底有3个基本标准：面积上的优势、空间上的高度连续性、对景观总体动态的支配作用。在实际研究中，要确切地区分斑块、廊道和基底有时是困难的，也是不必要的，因为三者的区分是相对的，而且与尺度相关联。

五、景观镶嵌体格局与生态过程

景观镶嵌体格局和生态过程的关系是景观生态学研究中的一个核心问题。景观的空间格局影响能量、物质以及生物在景观中的运动，如种群动态、生物多样性和生态系统过程。能量、物质和生物通过五种媒介在斑块镶嵌体中运动：风、水、飞行动物（鸟类、昆虫等）、地面动物（哺乳动物、爬行动物等）、人类（尤其是利用交通工具）。一般而言，种群动态、生物多样性和生态系统过程等会受到景观空间格局的制约或某种影响。例如，景观空间结构可影响地表径流和氮素循环，并可影响到水资源的质量。许多湖泊富营养化和河流水质污染都是景观格局、生态系统过程和干扰相互作用的结果。显然，景观空间格局与生态系统过程的相互关系在理论和实践上都很重要，是景观生态学的研究重点之一。

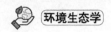

第四节　景观的稳定性和变化

一、景观的稳定性

景观是由不同景观要素组成的异质性单元，这些组分处于不断变化中，因而景观每时每刻不在发生变化，绝对的稳定性是不存在的。景观稳定性只是相对于一定时段和空间的稳定性；景观是由不同组分组成的，这些组分稳定性的不同影响着景观整体的稳定性；景观要素的空间组合也影响着景观的稳定性，不同的空间配置影响着景观功能的发挥。人们总试图寻找一种最优的景观格局，从中获益最大并保证景观的稳定与发展；事实上人类本身就是景观的一个有机组成部分，而且是景观组分中最复杂，又最具活力的部分，同时，稳定性的最大威胁恰恰来自人类活动的干扰，因而人类同自然的有机结合是保证景观稳定性的决定因素。

如果不考虑时间尺度，景观随时间的变化可由3个独立参数来描述：①变化总趋势（上升、下降、水平趋势）；②围绕总趋势的上下波动幅度；③波动的韵律（规则、不规则）。由于景观受气候波动的影响，在不同季节或年度，许多景观参数会表现出上下波动，同时，景观具有长期变化趋势，如在发展过程中生物量的不断增加，或随着人类的干扰，景观要素间的差异增大等。因此，从全球来讲，如果景观参数的长期变化呈水平状态，并且其水平线上下波动幅度和周期性具有统计学特征，该景观就是稳定的。

景观稳定性也可以看成干扰条件下景观的不同反应，可以用抗性和恢复性来描述。一般来讲，景观的抗性越强，景观受到外界干扰时变化较小，景观越稳定；景观的恢复性越强，即景观受到干扰后恢复到原来状态的时间越短，景观越稳定。事实上，不同干扰频率和规律下形成的景观稳定性是不同的。如果干扰的强度低且干扰有规则，则景观能够建立起与干扰相适应的机制，从而保持景观的稳定性；如果干扰较为严重，但干扰经常发生并且可以预测，景观也可以发展起适应干扰的机制来维持稳定性；如果干扰是不规则的，且发生的频率很低，景观不能形成与干扰相适应的机制，景观的稳定性就差。

二、景观变化的驱动因子

景观变化的驱动因子可分为两类，一类是自然驱动因子，另一类是人为驱动因子。自然驱动因子是指在景观发育过程中对景观形成起作用的自然因子，包括地壳运动、流水和风力作用等。它们通常在较大的时空尺度上作用于景观，形成景观中不同的地貌类型、气候特点、土壤及生命定居与演替。人为驱动因子主要包括人口因素、技术因素、政治体制和决策因素、文化因素等。人为驱动因子对景观的影响集中表现为土地利用、土地覆盖的变化。土地利用是人类出于一定的目的，采取一定的手段和方法对自然界进行的一种经营活动，其结果是构成不同的土地利用类型。土地覆盖则是覆盖着地球表面的植被及其性质，反映了自然过程和人类共同作用的结果。因而土地利用、土地覆盖的变化是讨论景观变化人为驱动因子时最为关注的问题。

三、景观动态变化的模拟分析

景观变化动态是指景观变化的过去、现在和未来趋势。根据关注景观变化的侧重点不同，景观变化动态可分为两种：景观空间变化动态、景观过程变化动态。景观空间变化动态是指景观中斑块数量、斑块大小、廊道的数量与类型、影响扩散的障碍类型和数量、景观要素的配置等变化情况。景观过程变化动态是指在外界干扰下，景观中物种的扩散、能量的流动和物质的运动等变化情况。

景观变化的动态模拟是通过建立模型来实现的，模型的建立需要了解景观变化的机制与过程。景观变化的动态模拟可以从两个层次上进行：首先是变化的集合程度，即景观变化过程中包含的信息量，根据集合程度可以区分三种景观变化模型，即景观整体变化模型、景观分布变化模型、景观空间变化模型；其次是采用的数学方法，常采用微分和差分两种方法。

景观动态模拟的发展有以下趋势：①从景观空间变化到景观过程变化；②从单纯景观现状模拟到通过驱动因子模拟景观变化；③从单一尺度的景观变化到多尺度的景观变化；④从宏观变化到个体反应机制的模拟；⑤与地理信息系统结合；⑥与社会经济模型结合；⑦模型的可视化。

四、景观变化的生态环境效应

景观变化的结果，不仅在于改变了景观的空间格局，影响景观中的能量分配和物质循环，而且在于不合理的土地利用会造成土地退化、大气质量下降、非点源污染等严重的生态环境问题，对社会和经济产生影响。

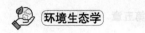

景观变化可以改变大气中气体的组成和含量，从而影响大气质量，如景观变化对的CO含量有明显的影响，而CO的最大来源就是CH_4的氧化。据估计，60%的CO来自景观变化。城市和工矿景观的扩展增加了大气中光化学烟雾的成分，而光化学烟雾又通过分散和吸收太阳辐射改变地表接受的辐射量。不合理的土地利用方式，如森林砍伐、矿山开采、草地开垦、陡坡开荒、过度放牧等是导致和加剧水土流失、土地沙化的主要原因。非点源污染是景观变化对水质影响的主要途径。农业土地大量使用农药、化肥、污水灌溉等是非点源污染的重要来源，而水土流失则是规模最大、危害最为严重的非点源污染。此外，城市以硬地面为主，地表径流量大，且携带大量的氮、磷、有毒有害物质进入河流或湖泊，造成水体水质恶化。

第五节 景观生态学的应用

景观生态学的发展从一开始就与土地规划、土地管理和恢复、森林管理、农业生产实践、自然保护等实际问题有密切联系。自20世纪80年代以来，随着景观生态学概念、理论和方法的不断发展，其应用也越来越广泛，其中最突出的是在自然保护、土地利用规划、自然资源管理等方面的应用。

一、景观生态学应用的指导思想

目前，有两种关于景观生态学应用方面的主导思想，它们对景观生态学的发展方向有直接影响。第一种主导思想反映了欧洲景观生态学的要点，即景观本身是大尺度的，包括人类在内的生态、地理系统，因此，景观生态学必须将经济、人文、政治等明确地作为其基本组分来研究，体现景观生态学的应用性。第二种主导思想反映了北美景观生态学的要点，即以空间格局、生态过程和尺度相互关系为该学科的中心思想。然而，更多的生态学家认为，景观生态学应用的前提是确立其科学地位，发展和检验一系列能够应用于实际的概念、理论和方法。

对景观生态学而言，随着空间尺度和时间尺度的增加，考虑人类因素的必要性也必然增加。但是，为了确立景观生态学的科学地位，有必要区分不同尺度的、不同类型的景观。景观的绝对尺度可大可小，这取决于所研究的具体生态学现象。将自然景观和人为景观混为一谈，或无视景观的多尺度特征而只是狭隘地、僵硬地将景观定义到某一人为尺度上，都不利于景观生态学的发展。景观是多元化的，景观生态学也是多元化的，景观生态学家也是多元化的。因此，将景观生态学看作包罗万象的类似于社会科学学科的观点是不足取的。

二、景观生态学的应用

景观生态学的应用范围很广、内容很多，涉及国土整治、资源开发、土地利用、生物生产、自然保护、环境治理、区域规划、城乡建设、旅游发展等诸多领域。

（一）生物多样性保护

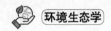

保护生物多样性已成为当今全世界关注的热点，生物多样性包含遗传多样性、物种多样性、生态系统多样性和景观多样性4个层次。相应的生物多样性保护也要求在景观、群落、种群、物种和基因等多个层次上进行。景观多样性不仅是生物多样性研究中的重要层次，而且对其他4个层次有重要的影响。因此，生物多样性保护的策略从以前重点保护单一的濒危物种转变到保护物种所生存的生态系统和景观。这种转变把对生态系统和景观的保护提高到生物多样性保护的重要地位。景观生态学在生物多样性保护中已处于一个中心地位，因为它能在环境异质性和斑块的框架中对生物多样性问题做出反应。以景观生态学的原理和方法保护和管理物种栖息地是生物多样性保护最为有效的途径。从景观生态学角度进行物种保护是当今生物多样性保护的一个突破，也是景观生态学的主要研究方向。

（二）生态恢复与生态重建

景观生态学的一个重要的应用领域就是生态建设。人类活动干扰严重的地区，经常是种群、群落或整个景观生态系统的结构受到损伤，或系统内原本畅通的物质、能量、信息的流动渠道受阻，导致景观破碎化，异质性降低，抗干扰能力下降。如果干扰程度超过景观生态系统的自我调节和恢复能力，将使景观结构发生不可逆的改变，导致某些景观功能完全丧失，这就需要根据景观生态学的原理采取人工措施重建生态系统，改造原有的景观格局，改善或恢复受胁迫下受损的系统功能，提高景观系统的总体生产力和稳定性。

（三）土地利用规划

土地利用规划是一个广泛的领域，农、林、牧、水、矿、交通运输、城市建筑等与土地利用开发有关的行业都存在土地利用规划问题。土地利用规划旨在协调人与自然的关系，使土地利用所带来的环境问题得到合理解决。景观生态学思想的产生源自土地利用规划，反过来景观生态学的发展又为土地利用规划提供了新的理论根据，并且提供了一系列方法和工具。在土地利用规划设计的过程中，可以利用景观生态学的格局分析和空间模拟等方法帮助分析和预测各种规划设计方案可能带来的生态后果，使土地利用方案更具科学性和可行性。

（四）景观生态规划与设计

景观生态学与景观和城市规划及设计有密切的关系。景观生态学的目的之一是了解空间结构如何影响生态过程。现代景观和城市规划与设计强调人类与自然的协调性，自然保护思想在这些领域日趋重要。因此，景观生态学可为土地规划和设计提供必要的理论基础，并可帮助评估和预测规划与设计可能带来的生态后果，而规划和设计的景观可以用来检验景观生态学的理论和假说。此外，景观生态学还为规划和设计提供了一系列方法、工具和资料。例如，景观生态学中的格局分析和空间模型方法与遥感技术结合，可以大大促进景观和城市规划与设计的科学性和可行性。

（五）景观生态管理

景观生态管理主要体现在各种与实践密切相关的景观规划工作中，包括区域国土整治与发展战略研究中的生态建设规划、大型建设工程的生态影响评价与生态预测、城市与矿区人工生态系统研究与景观生态规划、乡村景观规划、土地生态适宜性评价、自然保护区生态规划与管理、旅游开发区建设的景观生态规划与风景名胜区的景观生态保护等。

（六）全球变化

景观生态学在全球变化研究领域的应用日益引起人们的关注。全球变化研究的核心问题是探讨土地利用变化和气候变化对生态系统的影响及其反馈机制，以及人们在未来气候变化下所要采取的适应性管理对策。研究尺度的选择是全球变化研究中所面临的主要问题之一，它关系到各种尺度转换以及大尺度模拟的精确度。许多重要的生态过程如干扰、物种的扩散和迁移、养分循环以及水分交换等都是发生在景观尺度上的，这些生态过程对全球变化影响的动态模拟至关重要，因此在景观尺度上开展全球变化的研究显得尤为重要。

参考文献

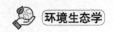

毕丞. 2016."群落实在论"研究述评[J].自然辩证法研究（3）：105-109.

曹蕾. 2014.区域生态文明建设评价指标体系及建模研究[D].上海：华东师范大学.

曾文静. 2017.基于景观生态学原理下的美丽乡村规划研究[D].绵阳：西南科技大学.

柴超. 2008.环境生态学教学中问题性教学模式的应用[J].科技信息（科学教研）(24)：512.

陈静. 2017.高校主导型创业教育生态系统构建研究[D].长春：东北师范大学.

丁平. 2002.中国鸟类生态学的发展与现状[J].动物学杂志（3）：71-78.

方精云. 2009.群落生态学迎来新的辉煌时代[J].生物多样性（6）：531-532.

付飞. 2011.以生态为导向的河流景观规划研究[D].成都：西南交通大学.

郭骁. 2011.种群密度、企业异质与创新强度的实证研究[J].中州学刊（6）：66-71.

何莎莎. 2012.《环境生态学》课程教学改革中若干问题思考[J].群文天地（20）：211，213.

胡伟. 2007.组织生态进化理论进展[J].全国商情（经济理论研究）(3)：105-106，89.

胡亚楠. 2014.基于景观生态学的湿地公园规划设计[D].哈尔滨：东北农业大学.

黄志红. 2016.长江中游城市群生态文明建设评价研究[D].武汉：中国地质大学.

江学如. 2019.种群生态学基于个体建模的形上意蕴[J].青海社会科学（2）：66-72.

蒋小钰. 2008.品牌环境生态学研究构架初探[J].企业经济（6）：30-32.

金帆. 2014.价值生态系统：云经济时代的价值创造机制[J].中国工业经济（4）：97-109.

雷泽湘，谢勇. 2008.环境生态学课程教学改革探索[J].科教文汇（中旬刊）(2)：44-45.

李静静. 2014.当代中国景观生态规划思想及实践发展流变[D].西安：西安建筑科技大学.

刘莎. 2019.环境可持续发展的环境生态学思考[J].化工管理（17）：65-66.

苗展堂. 2013.微循环理念下的城市雨水生态系统规划方法研究[D].天津：天津大学.

莫创荣，喻泽斌. 2007.环境生态学教学与学生实践能力的培养[J].大众科技（4）：186-

187.
乔志和. 2012.长白山自然保护区景观格局演化与模拟[D].长春：东北师范大学.
秦丽萍. 2014.高职非环境类专业环境生态学教学改革初探[J].中国校外教育（3）：615-616.
秦书生. 2008.复合生态系统自组织特征分析[J].系统科学学报（2）：45-49.
石建平. 2004.复合生态系统信息图谱的研制[J].地球信息科学（2）：109-114.
宋婕，赵丽娅，等. 2009.环境生态学教学思考[J].成功（教育）（8）：11.
王灿发. 2014.论生态文明建设法律保障体系的构建[J].中国法学（3）：34-53.
王翠平. 2017.生态学整体论与还原论争论研究[J].自然辩证法研究（4）：109-112.
王丹. 2014.生态文化与国民生态意识塑造研究[D].北京：北京交通大学.
王辉，焦莎莎. 2014.环境生态学课程教学改革创新与实践[J].课程教育研究（22）：243.
王建柱，张文丽. 2018.环境生态学课程教学改革探究[J].西部素质教育（12）：152-153.
王娜娜. 2017.环境生态对城镇景观设计发展的影响[J].环境与发展（10）：180，182.
王宁. 2015.环境生态学课程教学改革与实践[J].安徽农学通报（6）：147-148.
王小兵. 2011.环境生态学课程教学模式的构建与实践[J].职业时空（11）：79-80.
王振平，杨厚玲. 2007.环境生态学教学刍议[J].济南职业学院学报（4）：56-57，64.
邬建国. 2004.景观生态学中的十大研究论题[J].生态学报（9）：2074-2076.
吴鑫莹. 2015.生态视域下的环境艺术设计研究[J].现代装饰（理论）（1）：82.
夏宜君. 2012.电子政务系统-环境生态学测评指标分析[J].中国信息界（12）：89-91.
向俊杰. 2015.我国生态文明建设的协同治理体系研究[D].长春：吉林大学.
徐永山. 2013.用环境生态学观点评价城市土地利用程度[J].科技创新与应用（30）：148.
杨再福. 2012.环境生态实习方法初探[J].教育教学论坛（34）：278-280.
易兴翠. 2010.基于景观生态学的土地整理项目规划设计研究[D].武汉：华中农业大学.
游群. 2004.我国啮齿动物种群生态学研究进展[J].陕西林业科技（1）：26-30.
于妍. 2014.生态文明建设视域下绿色发展研究[D].哈尔滨：哈尔滨理工大学.
张春霞. 2009.环境生态学教学工作浅谈[J].科技信息（5）：192.
张高丽. 2013.大力推进生态文明努力建设美丽中国[J].求是（24）：3-11.
张攀. 2011.复合产业生态系统能值分析评价和优化研究[D].大连：大连理工大学.

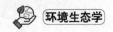

张子玉. 2016.中国特色生态文明建设实践研究[D].长春：吉林大学.

赵海. 2015.基于复合生态系统的渤海环境管理路径研究[D].青岛：中国海洋大学.

周伟. 2018.环境生态学课程建设中的问题及优化对策[J].船舶职业教育（4）：11-13.